초등 수학의 기본

신기한
연산왕

E-2 초5
수준

초등 수학의 기본은 연산력!!

초등수학

연산왕

E 단계-2
(초5수준)

구성과 특징

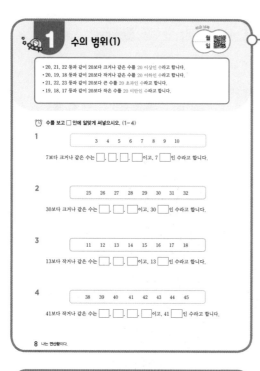

연산의 원리를 쉽게 이해하고 빠르고 정확한 계산 능력을 얻을 수 있도록 구성하였습니다.

신기한 연산

연산 능력과 창의사고력 향상이 동시에 이루어질 수 있는 문제로 구성하여 계산 능력과 창의사고력이 저절로 향상될 수 있도록 구성하였습니다.

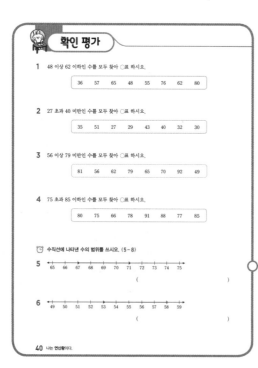

확인평가

단원을 마무리하면서 익힌 내용을 평가하여 자신의 실력을 알아볼 수 있도록 구성하였습니다.

크라운 온라인 단원 평가는?

크라운 온라인 평가는?

단원별 학습한 내용을 올바르게 학습하였는지 실시간 점검할 수 있는 온라인 평가 입니다.

- 온라인 평가는 매단원별 25문제로 출제 되었습니다
- 평가 시간은 30분이며 시험 시간이 지나면 문제를 풀 수 없습니다
- 온라인 평가를 통해 100점을 받으시면 크라운 1개를 획득할 수 있습니다.

온라인 평가 방법

에듀왕닷컴 접속 www.eduwang.com	메인 상단 메뉴에서 단원평가 클릭	단계 및 단원 선택
신규 회원 가입 또는 로그인	닷컴 메인 메뉴에서 단원 평가 클릭	평가하고자 하는 단계와 단원을 선택

크라운 확인	온라인 단원 평가 종료	온라인 단원 평가 실시
마이페이지에서 크라운 확인 후 크라운 사용	종료 후 실시간 평가 결과 확인	30분 동안 평가 실시

유의사항

- 평가 시작 전 종이와 연필을 준비하시고 인터넷 및 와이파이 신호를 꼭 확인하시기 바랍니다
- 단원평가는 최초 1회에 한하여 크라운이 반영됩니다. (중복 평가 시 크라운 미 반영)
- 각 단원 평가를 통해 100점을 받으시면 크라운 1개를 드리며, 획득하신 크라운으로 에듀왕닷컴에서 판매하고 있는 교재 및 서비스를 무료로 구매 하실 수 있습니다 (크라운 1개 – 1,000원)

연산왕 단계별 학습 내용

A-1
(초1수준)
1. 9까지의 수
2. 9까지의 수를 모으고 가르기
3. 덧셈과 뺄셈

A-2
(초1수준)
1. 19까지의 수
2. 50까지의 수
3. 50까지의 수의 덧셈과 뺄셈

A-3
(초1수준)
1. 100까지의 수
2. 덧셈
3. 뺄셈

A-4
(초1수준)
1. 두 자리 수의 혼합 계산
2. 두 수의 덧셈과 뺄셈
3. 세 수의 덧셈과 뺄셈

B-1
(초2수준)
1. 세 자리 수
2. 받아올림이 한 번 있는 덧셈
3. 받아올림이 두 번 있는 덧셈

B-2
(초2수준)
1. 받아내림이 한 번 있는 뺄셈
2. 받아내림이 두 번 있는 뺄셈
3. 덧셈과 뺄셈의 관계

B-3
(초2수준)
1. 네 자리 수
2. 세 자리 수와 두 자리 수의 덧셈과 뺄셈
3. 세 수의 계산

B-4
(초2수준)
1. 곱셈구구
2. 길이의 계산
3. 시각과 시간

차례

1

수의 범위와 어림하기

1 수의 범위(1)

- 20, 21, 22 등과 같이 20보다 크거나 같은 수를 20 이상인 수라고 합니다.
- 20, 19, 18 등과 같이 20보다 작거나 같은 수를 20 이하인 수라고 합니다.
- 21, 22, 23 등과 같이 20보다 큰 수를 20 초과인 수라고 합니다.
- 19, 18, 17 등과 같이 20보다 작은 수를 20 미만인 수라고 합니다.

🕐 수를 보고 □ 안에 알맞게 써넣으시오. (1~4)

1

| 3 | 4 | 5 | 6 | 7 | 8 | 9 | 10 |

7보다 크거나 같은 수는 □, □, □, □이고, 7 □인 수라고 합니다.

2

| 25 | 26 | 27 | 28 | 29 | 30 | 31 | 32 |

30보다 크거나 같은 수는 □, □, □이고, 30 □인 수라고 합니다.

3

| 11 | 12 | 13 | 14 | 15 | 16 | 17 | 18 |

13보다 작거나 같은 수는 □, □, □이고, 13 □인 수라고 합니다.

4

| 38 | 39 | 40 | 41 | 42 | 43 | 44 | 45 |

41보다 작거나 같은 수는 □, □, □, □이고, 41 □인 수라고 합니다.

5 24 이상인 수를 모두 찾아 ○표 하시오.

21	22	23	24	25	26	27	28

6 45 이상인 수를 모두 찾아 ○표 하시오.

23	47	8	45	39	67	16	40

7 36 이상인 수를 모두 찾아 ○표 하시오.

35	37.5	19	36	28	48.2	36.1	30

8 15 이하인 수를 모두 찾아 ○표 하시오.

12	13	14	15	16	17	18	19	20

9 50 이하인 수를 모두 찾아 ○표 하시오.

61	50	72	59	38	55	81	26

10 20 이하인 수를 모두 찾아 ○표 하시오.

19.7	28	15	20.4	25	9	20	30.7

1 수의 범위(2)

⏰ 수를 보고 ☐ 안에 알맞게 써넣으시오. (1~6)

1

| 8 | 9 | 10 | 11 | 12 | 13 | 14 | 15 |

12보다 큰 수는 ☐, ☐, ☐이고, 12 ☐인 수라고 합니다.

2

| 17 | 18 | 19 | 20 | 21 | 22 | 23 | 24 |

22보다 큰 수는 ☐, ☐이고, 22 ☐인 수라고 합니다.

3

| 35 | 36 | 37 | 38 | 39 | 40 | 41 | 42 |

39보다 큰 수는 ☐, ☐, ☐이고, 39 ☐인 수라고 합니다.

4

| 26 | 27 | 28 | 29 | 30 | 31 | 32 | 33 |

28보다 작은 수는 ☐, ☐이고, 28 ☐인 수라고 합니다.

5

| 40 | 41 | 42 | 43 | 44 | 45 | 46 | 47 |

42보다 작은 수는 ☐, ☐이고, 42 ☐인 수라고 합니다.

6

| 65 | 66 | 67 | 68 | 69 | 70 | 71 | 72 |

68보다 작은 수는 ☐, ☐, ☐이고, 68 ☐인 수라고 합니다.

7 5 초과인 수를 모두 찾아 ○표 하시오.

1	2	3	4	5	6	7	8

8 19 초과인 수를 모두 찾아 ○표 하시오.

8	16	20	19	35	25	15	22

9 25 초과인 수를 모두 찾아 ○표 하시오.

25	17	30	24.8	32	25.1	48	21

10 18 미만인 수를 모두 찾아 ○표 하시오.

15	16	17	18	19	20	21	22

11 47 미만인 수를 모두 찾아 ○표 하시오.

36	40	52	47	24	60	72	15

12 62 미만인 수를 모두 찾아 ○표 하시오.

62.4	37.4	28	83	54.1	35	62	74

수의 범위(3)

1 13 이상 16 이하인 수를 모두 찾아 ○표 하시오.

| 11 | 12 | 13 | 14 | 15 | 16 | 17 | 18 |

2 27 이상 38 이하인 수를 모두 찾아 ○표 하시오.

| 39 | 27 | 48 | 32 | 19 | 35 | 38 | 42 |

3 63 이상 72 이하인 수를 모두 찾아 ○표 하시오.

| 69 | 58 | 63 | 73 | 70 | 82 | 62 | 65 |

4 44 초과 48 미만인 수를 모두 찾아 ○표 하시오.

| 43 | 44 | 45 | 46 | 47 | 48 | 49 | 50 |

5 50 초과 60 미만인 수를 모두 찾아 ○표 하시오.

| 50 | 57 | 62 | 71 | 53 | 60 | 59 | 48 |

6 31 초과 49 미만인 수를 모두 찾아 ○표 하시오.

| 40 | 58 | 31 | 37 | 29 | 49 | 50 | 46 |

7 32 이상 35 미만인 수를 모두 찾아 ○표 하시오.

30	31	32	33	34	35	36	37

8 40 이상 50 미만인 수를 모두 찾아 ○표 하시오.

29	40	37	47	52	45	50	43

9 65 이상 80 미만인 수를 모두 찾아 ○표 하시오.

92	78	80	58	60	65	72	85

10 30 초과 34 이하인 수를 모두 찾아 ○표 하시오.

28	29	30	31	32	33	34	35

11 50 초과 60 이하인 수를 모두 찾아 ○표 하시오.

48	57	50	58	72	60	64	55

12 72 초과 85 이하인 수를 모두 찾아 ○표 하시오.

85	70	77	73	86	80	72	88

2 수의 범위를 수직선에 나타내기 (1)

- 수의 범위를 수직선 위에 다음과 같이 나타냅니다.

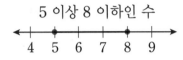

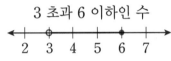

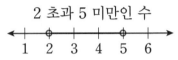

- 주어진 수가 포함되는 이상과 이하는 점 ●을 사용하고, 주어진 수가 포함되지 않는 초과와 미만은 점 ○을 사용합니다.

🕐 수직선에 나타낸 수의 범위를 쓰시오. (1~4)

1
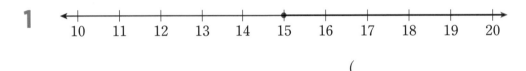

( )

2

25 26 27 28 29 30 31 32 33 34 35

( )

3
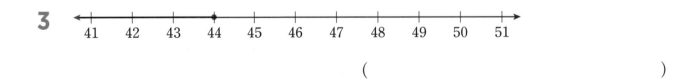

( )

4
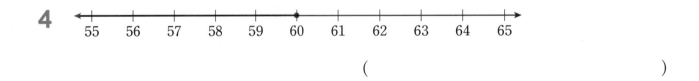

( )

🕐 수의 범위를 수직선에 나타내어 보시오. (5~10)

5 12 이상인 수

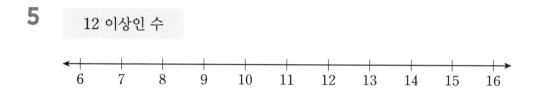

6 25 이상인 수

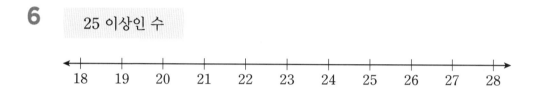

7 32 이상인 수

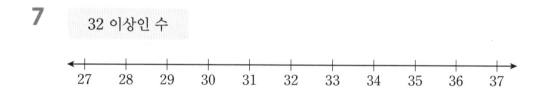

8 19 이하인 수

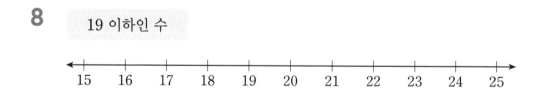

9 64 이하인 수

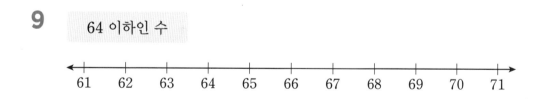

10 58 이하인 수

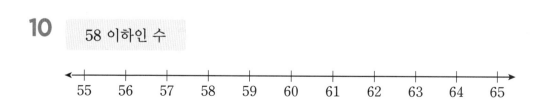

2 수의 범위를 수직선에 나타내기(2)

⏰ 수직선에 나타낸 수의 범위를 쓰시오. (1~6)

1

5　6　7　8　9　10　11　12　13　14　15

(　　　　　　　　　　　　　　)

2

20　21　22　23　24　24　26　27　28　29　30

(　　　　　　　　　　　　　　)

3

55　56　57　58　59　60　61　62　63　64　65

(　　　　　　　　　　　　　　)

4

38　39　40　41　42　43　44　45　46　47　48

(　　　　　　　　　　　　　　)

5

41　42　43　44　45　46　47　48　49　50　51

(　　　　　　　　　　　　　　)

6

72　73　74　75　76　77　78　79　80　81　82

(　　　　　　　　　　　　　　)

 수의 범위를 수직선에 나타내어 보시오. (7 ~ 12)

7 24 초과인 수

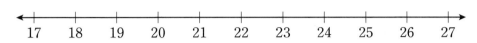

8 30 초과인 수

9 62 초과인 수

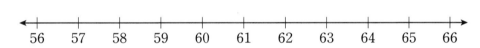

10 38 미만인 수

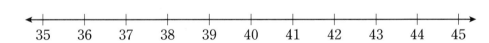

11 46 미만인 수

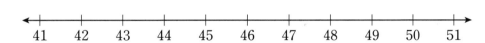

12 52 미만인 수

수의 범위를 수직선에 나타내기(3)

⏰ 수직선에 나타낸 수의 범위를 쓰오. (1~6)

1

```
 ◄──┼───┼───┼───●───┼───┼───┼───●───┼───┼───┼──►
    1   2   3   4   5   6   7   8   9  10  11
```

(   )

2

```
 ◄──┼───○───┼───┼───┼───┼───○───┼───┼───┼───┼──►
   35  36  37  38  39  40  41  42  43  44  45
```

(   )

3

```
 ◄──┼───┼───┼───●───┼───┼───┼───┼───○───┼───┼──►
   72  73  74  75  76  77  78  79  80  81  82
```

(   )

4

```
 ◄──┼───●───┼───┼───┼───○───┼───┼───┼───┼───┼──►
   48  49  50  51  52  53  54  55  56  57  58
```

(   )

5

```
 ◄──┼───┼───┼───○───┼───┼───┼───┼───●───┼───┼──►
   66  67  68  69  70  71  72  73  74  75  76
```

(   )

6

```
 ◄──┼───┼───○───┼───┼───┼───┼───┼───┼───●───┼──►
   57  58  59  60  61  62  63  64  65  66  67
```

(   )

🕐 **수의 범위를 수직선에 나타내어 보시오. (7 ~ 12)**

7 15 이상 18 이하인 수

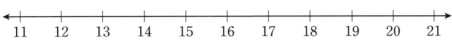

8 26 초과 31 미만인 수

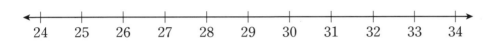

9 32 이상 35 미만인 수

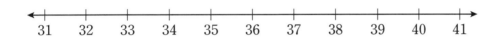

10 59 이상 63 미만인 수

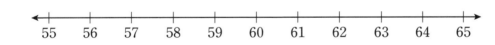

11 12 초과 16 이하인 수

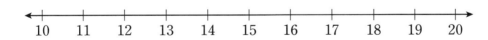

12 44 초과 47 이하인 수

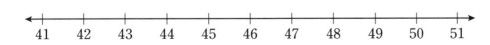

3 올림(1)

> • 304를 십의 자리까지 나타내기 위해서 십의 자리 아래 수인 4를 10으로 보고 310으로 나타낼 수 있습니다. 이와 같이 구하려는 자리 아래 수를 올려서 나타내는 방법을 올림이라고 합니다.
> • 304는 십의 자리 아래 수를 올림하면 310, 백의 자리 아래 수를 올림하면 400이 됩니다.

⏰ □ 안에 알맞은 수를 써넣으시오. (1 ~ 3)

1

24678

┌ 십의 자리 아래 수를 올림하면 □ 입니다.

├ 백의 자리 아래 수를 올림하면 □ 입니다.

├ 천의 자리 아래 수를 올림하면 □ 입니다.

└ 만의 자리 아래 수를 올림하면 □ 입니다.

2

13579

┌ 십의 자리 아래 수를 올림하면 □ 입니다.

├ 백의 자리 아래 수를 올림하면 □ 입니다.

├ 천의 자리 아래 수를 올림하면 □ 입니다.

└ 만의 자리 아래 수를 올림하면 □ 입니다.

3

62584

┌ 십의 자리 아래 수를 올림하면 □ 입니다.

├ 백의 자리 아래 수를 올림하면 □ 입니다.

├ 천의 자리 아래 수를 올림하면 □ 입니다.

└ 만의 자리 아래 수를 올림하면 □ 입니다.

□ 안에 알맞은 수를 써넣으시오. (4 ~ 7)

4

95284

┌ 십의 자리 아래 수를 올림하면 ⬚ 입니다.

├ 백의 자리 아래 수를 올림하면 ⬚ 입니다.

├ 천의 자리 아래 수를 올림하면 ⬚ 입니다.

└ 만의 자리 아래 수를 올림하면 ⬚ 입니다.

5

72015

┌ 십의 자리 아래 수를 올림하면 ⬚ 입니다.

├ 백의 자리 아래 수를 올림하면 ⬚ 입니다.

├ 천의 자리 아래 수를 올림하면 ⬚ 입니다.

└ 만의 자리 아래 수를 올림하면 ⬚ 입니다.

6

56987

┌ 십의 자리 아래 수를 올림하면 ⬚ 입니다.

├ 백의 자리 아래 수를 올림하면 ⬚ 입니다.

├ 천의 자리 아래 수를 올림하면 ⬚ 입니다.

└ 만의 자리 아래 수를 올림하면 ⬚ 입니다.

7

12893

┌ 십의 자리 아래 수를 올림하면 ⬚ 입니다.

├ 백의 자리 아래 수를 올림하면 ⬚ 입니다.

├ 천의 자리 아래 수를 올림하면 ⬚ 입니다.

└ 만의 자리 아래 수를 올림하면 ⬚ 입니다.

3 올림(2)

⏰ 수를 올림하여 주어진 자리까지 나타내시오. (1~14)

1 2458(십의 자리까지)

➡ (   )

2 6012(십의 자리까지)

➡ (   )

3 6239(백의 자리까지)

➡ (   )

4 9657(백의 자리까지)

➡ (   )

5 13285(백의 자리까지)

➡ (   )

6 32681(백의 자리까지)

➡ (   )

7 30528(천의 자리까지)

➡ (   )

8 56984(천의 자리까지)

➡ (   )

9 10965(천의 자리까지)

➡ (   )

10 36984(천의 자리까지)

➡ (   )

11 96587(만의 자리까지)

➡ (   )

12 23698(만의 자리까지)

➡ (   )

13 632541(만의 자리까지)

➡ (   )

14 549872(만의 자리까지)

➡ (   )

계산은 빠르고 정확하게!

걸린 시간	1~6분	6~9분	9~12분
맞은 개수	26~28개	20~25개	1~19개
평가	참 잘했어요.	잘했어요.	좀더 노력해요.

⏰ 수를 올림하여 주어진 자리까지 나타내시오. (15 ~ 28)

15 5.78(일의 자리까지)

➡ (   )

16 8.02(일의 자리까지)

➡ (   )

17 12.39(일의 자리까지)

➡ (   )

18 41.39(일의 자리까지)

➡ (   )

19 3.867(소수 첫째 자리까지)

➡ (   )

20 5.367(소수 첫째 자리까지)

➡ (   )

21 4.768(소수 첫째 자리까지)

➡ (   )

22 11.036(소수 첫째 자리까지)

➡ (   )

23 1.238(소수 둘째 자리까지)

➡ (   )

24 3.652(소수 둘째 자리까지)

➡ (   )

25 0.967(소수 둘째 자리까지)

➡ (   )

26 63.287(소수 둘째 자리까지)

➡ (   )

27 1.3256(소수 셋째 자리까지)

➡ (   )

28 5.4036(소수 셋째 자리까지)

➡ (   )

3 올림(3)

⏰ 수를 올림하여 주어진 자리까지 나타내시오. (1~6)

1　56872 ➡

십의 자리까지	백의 자리까지	천의 자리까지	만의 자리까지

2　63258 ➡

십의 자리까지	백의 자리까지	천의 자리까지	만의 자리까지

3　132587 ➡

십의 자리까지	백의 자리까지	천의 자리까지	만의 자리까지

4　201258 ➡

십의 자리까지	백의 자리까지	천의 자리까지	만의 자리까지

5　369871 ➡

십의 자리까지	백의 자리까지	천의 자리까지	만의 자리까지

6　730067 ➡

십의 자리까지	백의 자리까지	천의 자리까지	만의 자리까지

⏰ 수를 올림하여 주어진 자리까지 나타내시오. (7 ~ 12)

7   4.567 ➡

일의 자리까지	소수 첫째 자리까지	소수 둘째 자리까지

8   5.237 ➡

일의 자리까지	소수 첫째 자리까지	소수 둘째 자리까지

9   12.087 ➡

일의 자리까지	소수 첫째 자리까지	소수 둘째 자리까지

10   24.369 ➡

일의 자리까지	소수 첫째 자리까지	소수 둘째 자리까지

11   36.725 ➡

일의 자리까지	소수 첫째 자리까지	소수 둘째 자리까지

12   29.657 ➡

일의 자리까지	소수 첫째 자리까지	소수 둘째 자리까지

4 버림(1)

- 13450을 백의 자리까지 나타내기 위해서 백의 자리 아래 수인 50을 0으로 보고 13400으로 나타낼 수 있습니다. 이와 같이 구하려는 자리 아래 수를 버려서 나타내는 방법을 버림이라고 합니다.
- 13450은 백의 자리 아래 수를 버림하면 13400, 천의 자리 아래 수를 버림하면 13000이 됩니다.

🕐 □ 안에 알맞은 수를 써넣으시오. (1~3)

1

42589

┌ 십의 자리 아래 수를 버림하면 [   ] 입니다.

├ 백의 자리 아래 수를 버림하면 [   ] 입니다.

├ 천의 자리 아래 수를 버림하면 [   ] 입니다.

└ 만의 자리 아래 수를 버림하면 [   ] 입니다.

2

62357

┌ 십의 자리 아래 수를 버림하면 [   ] 입니다.

├ 백의 자리 아래 수를 버림하면 [   ] 입니다.

├ 천의 자리 아래 수를 버림하면 [   ] 입니다.

└ 만의 자리 아래 수를 버림하면 [   ] 입니다.

3

58740

┌ 십의 자리 아래 수를 버림하면 [   ] 입니다.

├ 백의 자리 아래 수를 버림하면 [   ] 입니다.

├ 천의 자리 아래 수를 버림하면 [   ] 입니다.

└ 만의 자리 아래 수를 버림하면 [   ] 입니다.

⏰ □ 안에 알맞은 수를 써넣으시오. (4 ~ 7)

4

60257

┌ 십의 자리 아래 수를 버림하면 □ 입니다.
├ 백의 자리 아래 수를 버림하면 □ 입니다.
├ 천의 자리 아래 수를 버림하면 □ 입니다.
└ 만의 자리 아레 수를 버림하면 □ 입니다.

5

23687

┌ 십의 자리 아래 수를 버림하면 □ 입니다.
├ 백의 자리 아래 수를 버림하면 □ 입니다.
├ 천의 자리 아래 수를 버림하면 □ 입니다.
└ 만의 자리 아래 수를 버림하면 □ 입니다.

6

19257

┌ 십의 자리 아래 수를 버림하면 □ 입니다.
├ 백의 자리 아래 수를 버림하면 □ 입니다.
├ 천의 자리 아래 수를 버림하면 □ 입니다.
└ 만의 자리 아래 수를 버림하면 □ 입니다.

7

32057

┌ 십의 자리 아래 수를 버림하면 □ 입니다.
├ 백의 자리 아래 수를 버림하면 □ 입니다.
├ 천의 자리 아래 수를 버림하면 □ 입니다.
└ 만의 자리 아래 수를 버림하면 □ 입니다.

버림 (2)

⏰ 수를 버림하여 주어진 자리까지 나타내시오. (1~14)

1 4158(십의 자리까지)

➡ ( )

2 5687(십의 자리까지)

➡ ( )

3 6057(백의 자리까지)

➡ ( )

4 8856(백의 자리까지)

➡ ( )

5 13579(백의 자리까지)

➡ ( )

6 85274(백의 자리까지)

➡ ( )

7 65478(천의 자리까지)

➡ ( )

8 30258(천의 자리까지)

➡ ( )

9 87654(천의 자리까지)

➡ ( )

10 45698(천의 자리까지)

➡ ( )

11 20057(만의 자리까지)

➡ ( )

12 68740(만의 자리까지)

➡ ( )

13 620587(만의 자리까지)

➡ ( )

14 524789(만의 자리까지)

➡ ( )

🕐 **수를 버림하여 주어진 자리까지 나타내시오. (15 ~ 28)**

15 4.23(일의 자리까지)

➡ ( )

16 5.08(일의 자리까지)

➡ ( )

17 15.25(일의 자리까지)

➡ ( )

18 24.68(일의 자리까지)

➡ ( )

19 5.267(소수 첫째 자리까지)

➡ ( )

20 3.127(소수 첫째 자리까지)

➡ ( )

21 3.587(소수 첫째 자리까지)

➡ ( )

22 12.137(소수 첫째 자리까지)

➡ ( )

23 3.129(소수 둘째 자리까지)

➡ ( )

24 4.057(소수 둘째 자리까지)

➡ ( )

25 51.369(소수 둘째 자리까지)

➡ ( )

26 62.358(소수 둘째 자리까지)

➡ ( )

27 5.4258(소수 셋째 자리까지)

➡ ( )

28 8.0274(소수 셋째 자리까지)

➡ ( )

4 버림 (3)

⏰ 수를 버림하여 주어진 자리까지 나타내시오. **(1~6)**

1 12587 ➡

십의 자리까지	백의 자리까지	천의 자리까지	만의 자리까지

2 50147 ➡

십의 자리까지	백의 자리까지	천의 자리까지	만의 자리까지

3 63145 ➡

십의 자리까지	백의 자리까지	천의 자리까지	만의 자리까지

4 135682 ➡

십의 자리까지	백의 자리까지	천의 자리까지	만의 자리까지

5 201475 ➡

십의 자리까지	백의 자리까지	천의 자리까지	만의 자리까지

6 620360 ➡

십의 자리까지	백의 자리까지	천의 자리까지	만의 자리까지

계산은 빠르고 정확하게!

🕐 수를 버림하여 주어진 자리까지 나타내시오. (7 ~ 12)

7

2.369 ➡

일의 자리까지	소수 첫째 자리까지	소수 둘째 자리까지

8

6.298 ➡

일의 자리까지	소수 첫째 자리까지	소수 둘째 자리까지

9

4.257 ➡

일의 자리까지	소수 첫째 자리까지	소수 둘째 자리까지

10

10.369 ➡

일의 자리까지	소수 첫째 자리까지	소수 둘째 자리까지

11

12.527 ➡

일의 자리까지	소수 첫째 자리까지	소수 둘째 자리까지

12

24.681 ➡

일의 자리까지	소수 첫째 자리까지	소수 둘째 자리까지

5 반올림(1)

- 구하려는 자리 바로 아래 자리의 숫자가 0, 1, 2, 3, 4이면 버리고, 5, 6, 7, 8, 9이면 올리는
  <u>5보다 작은 숫자</u>   <u>5보다 크거나 같은 숫자</u>
  방법을 반올림이라고 합니다.
- 827을 일의 자리에서 반올림하면 830, 십의 자리에서 반올림하면 800이 됩니다.

🕙 □ 안에 알맞은 수를 써넣으시오. (1~3)

1

12584

— 반올림하여 십의 자리까지 나타내면 [　　] 입니다.
— 반올림하여 백의 자리까지 나타내면 [　　] 입니다.
— 반올림하여 천의 자리까지 나타내면 [　　] 입니다.
— 반올림하여 만의 자리까지 나타내면 [　　] 입니다.

2

23657

— 반올림하여 십의 자리까지 나타내면 [　　] 입니다.
— 반올림하여 백의 자리까지 나타내면 [　　] 입니다.
— 반올림하여 천의 자리까지 나타내면 [　　] 입니다.
— 반올림하여 만의 자리까지 나타내면 [　　] 입니다.

3

43659

— 반올림하여 십의 자리까지 나타내면 [　　] 입니다.
— 반올림하여 백의 자리까지 나타내면 [　　] 입니다.
— 반올림하여 천의 자리까지 나타내면 [　　] 입니다.
— 반올림하여 만의 자리까지 나타내면 [　　] 입니다.

⏰ □ 안에 알맞은 수를 써넣으시오. (4~7)

4

36987

┌ 반올림하여 십의 자리까지 나타내면 [   ] 입니다.
├ 반올림하여 백의 자리까지 나타내면 [   ] 입니다.
├ 반올림하여 천의 자리까지 나타내면 [   ] 입니다.
└ 반올림하여 만의 자리까지 나타내면 [   ] 입니다.

5

60248

┌ 반올림하여 십의 자리까지 나타내면 [   ] 입니다.
├ 반올림하여 백의 자리까지 나타내면 [   ] 입니다.
├ 반올림하여 천의 자리까지 나타내면 [   ] 입니다.
└ 반올림하여 만의 자리까지 나타내면 [   ] 입니다.

6

76250

┌ 반올림하여 십의 자리까지 나타내면 [   ] 입니다.
├ 반올림하여 백의 자리까지 나타내면 [   ] 입니다.
├ 반올림하여 천의 자리까지 나타내면 [   ] 입니다.
└ 반올림하여 만의 자리까지 나타내면 [   ] 입니다.

7

24695

┌ 반올림하여 십의 자리까지 나타내면 [   ] 입니다.
├ 반올림하여 백의 자리까지 나타내면 [   ] 입니다.
├ 반올림하여 천의 자리까지 나타내면 [   ] 입니다.
└ 반올림하여 만의 자리까지 나타내면 [   ] 입니다.

5 반올림(2)

⏰ 수를 반올림하여 주어진 자리까지 나타내시오. (1~14)

1 6327(십의 자리까지)

➡ (   )

2 5234(십의 자리까지)

➡ (   )

3 3618(백의 자리까지)

➡ (   )

4 8467(백의 자리까지)

➡ (   )

5 32587(백의 자리까지)

➡ (   )

6 49108(백의 자리까지)

➡ (   )

7 96324(천의 자리까지)

➡ (   )

8 45219(천의 자리까지)

➡ (   )

9 96874(천의 자리까지)

➡ (   )

10 39587(천의 자리까지)

➡ (   )

11 35457(만의 자리까지)

➡ (   )

12 56987(만의 자리까지)

➡ (   )

13 364970(만의 자리까지)

➡ (   )

14 823478(만의 자리까지)

➡ (   )

🕐 **수를 반올림하여 주어진 자리까지 나타내시오. (15 ~ 28)**

15 5.87(일의 자리까지)

➡ (   )

16 6.32(일의 자리까지)

➡ (   )

17 12.39(일의 자리까지)

➡ (   )

18 20.61(일의 자리까지)

➡ (   )

19 4.267(소수 첫째 자리까지)

➡ (   )

20 8.126(소수 첫째 자리까지)

➡ (   )

21 2.098(소수 첫째 자리까지)

➡ (   )

22 6.397(소수 첫째 자리까지)

➡ (   )

23 5.369(소수 둘째 자리까지)

➡ (   )

24 1.067(소수 둘째 자리까지)

➡ (   )

25 1.365(소수 둘째 자리까지)

➡ (   )

26 4.254(소수 둘째 자리까지)

➡ (   )

27 4.2587(소수 셋째 자리까지)

➡ (   )

28 2.3274(소수 셋째 자리까지)

➡ (   )

5 반올림(3)

학습 날짜

월   일

🕐 수를 반올림하여 주어진 자리까지 나타내시오. (1~6)

1 63257 ➡

십의 자리까지	백의 자리까지	천의 자리까지	만의 자리까지

2 75314 ➡

십의 자리까지	백의 자리까지	천의 자리까지	만의 자리까지

3 30687 ➡

십의 자리까지	백의 자리까지	천의 자리까지	만의 자리까지

4 132587 ➡

십의 자리까지	백의 자리까지	천의 자리까지	만의 자리까지

5 268742 ➡

십의 자리까지	백의 자리까지	천의 자리까지	만의 자리까지

6 832574 ➡

십의 자리까지	백의 자리까지	천의 자리까지	만의 자리까지

계산은 빠르고 정확하게!

걸린 시간	1~8분	8~12분	12~16분
맞은 개수	11~12개	9~10개	1~8개
평가	참 잘했어요.	잘했어요.	좀더 노력해요.

⏰ 수를 반올림하여 주어진 자리까지 나타내시오. (7 ~ 12)

7

0.948 ➡

일의 자리까지	소수 첫째 자리까지	소수 둘째 자리까지

8

3.209 ➡

일의 자리까지	소수 첫째 자리까지	소수 둘째 자리까지

9

6.237 ➡

일의 자리까지	소수 첫째 자리까지	소수 둘째 자리까지

10

4.536 ➡

일의 자리까지	소수 첫째 자리까지	소수 둘째 자리까지

11

32.087 ➡

일의 자리까지	소수 첫째 자리까지	소수 둘째 자리까지

12

70.654 ➡

일의 자리까지	소수 첫째 자리까지	소수 둘째 자리까지

⏰ ☐ 안에 알맞은 자연수를 써넣으시오. **(1~4)**

1 24 이상 67 이하인 자연수는 ☐ 초과 ☐ 미만인 자연수라고 할 수 있습니다.

2 41 이상 58 미만인 자연수는 ☐ 초과 ☐ 이하인 자연수라고 할 수 있습니다.

3 18 초과 30 이하인 자연수는 ☐ 이상 ☐ 미만인 자연수라고 할 수 있습니다.

4 33 초과 89 미만인 자연수는 ☐ 이상 ☐ 이하인 자연수라고 할 수 있습니다.

⏰ 다음 조건을 만족하는 소수 한 자리 수는 몇 개인지 구하시오. **(5~6)**

5
> • 5 이상 7 미만인 수입니다.
> • 소수 첫째 자리의 숫자가 5 초과 7 이하인 수입니다.

(   )개

6
> • 7 이상 10 미만인 수입니다.
> • 소수 첫째 자리의 숫자가 3 초과 6 미만인 수입니다.

(   )개

주어진 5장의 숫자 카드를 모두 사용하여 만들 수 있는 가장 큰 다섯 자리 수를 올림, 버림, 반올림하여 백의 자리까지 나타내어 보시오. (7~8)

7

올림 (　　　　　　　)

버림 (　　　　　　　)

반올림 (　　　　　　　)

8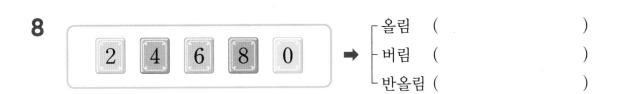

올림 (　　　　　　　)

버림 (　　　　　　　)

반올림 (　　　　　　　)

주어진 5장의 숫자 카드를 모두 사용하여 만들 수 있는 가장 작은 다섯 자리 수를 올림, 버림, 반올림하여 천의 자리까지 나타내어 보시오. (9~10)

9

올림 (　　　　　　　)

버림 (　　　　　　　)

반올림 (　　　　　　　)

10

올림 (　　　　　　　)

버림 (　　　　　　　)

반올림 (　　　　　　　)

1 48 이상 62 이하인 수를 모두 찾아 ◯표 하시오.

| 36 | 57 | 65 | 48 | 55 | 76 | 62 | 80 |

2 27 초과 40 미만인 수를 모두 찾아 ◯표 하시오.

| 35 | 51 | 27 | 29 | 43 | 40 | 32 | 30 |

3 56 이상 79 미만인 수를 모두 찾아 ◯표 하시오.

| 81 | 56 | 62 | 79 | 65 | 70 | 92 | 49 |

4 75 초과 85 이하인 수를 모두 찾아 ◯표 하시오.

| 80 | 75 | 66 | 78 | 91 | 88 | 77 | 85 |

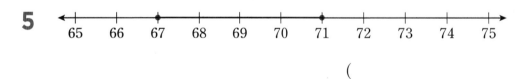

⏰ 수직선에 나타낸 수의 범위를 쓰시오. (5~8)

5

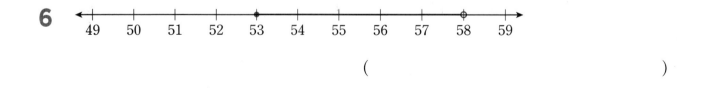

```
  65  66  67  68  69  70  71  72  73  74  75
```

(   )

6

```
  49  50  51  52  53  54  55  56  57  58  59
```

(   )

7

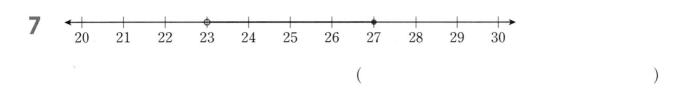

(   )

8

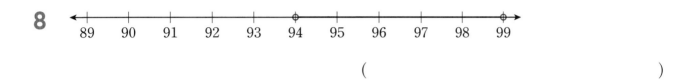

(   )

⏰ 수의 범위를 수직선에 나타내어 보시오. (9 ~ 12)

9   12 이상 15 이하인 수

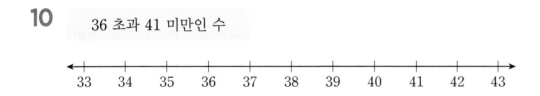

10   36 초과 41 미만인 수

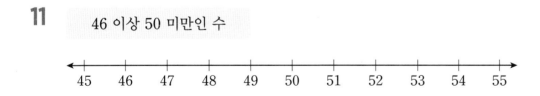

11   46 이상 50 미만인 수

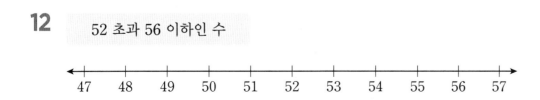

12   52 초과 56 이하인 수

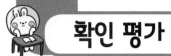

13 □ 안에 알맞은 자연수를 써넣으시오.

52397

올림하여 백의 자리까지 나타내면 [ ]입니다.

버림하여 천의 자리까지 나타내면 [ ]입니다.

반올림하여 만의 자리까지 나타내면 [ ]입니다.

14 수를 올림하여 주어진 자리까지 나타내시오.

수	십의 자리까지	백의 자리까지	천의 자리까지	만의 자리까지
25987				
63214				
50487				

15 수를 버림하여 주어진 자리까지 나타내시오.

수	십의 자리까지	백의 자리까지	천의 자리까지	만의 자리까지
63258				
10257				
96587				

16 수를 반올림하여 주어진 자리까지 나타내시오.

수	십의 자리까지	백의 자리까지	천의 자리까지	만의 자리까지
52367				
40967				
84523				

2

분수의 곱셈

1 (진분수) × (자연수)(1)

✿ (단위분수) × (자연수)

$$\frac{1}{5} \times 3 = \frac{1}{5} + \frac{1}{5} + \frac{1}{5} = \frac{1 \times 3}{5} = \frac{3}{5}$$

➡ 단위분수의 분자와 자연수를 곱하여 계산합니다.

✿ (진분수) × (자연수)

• 곱을 구한 다음 약분하여 계산하기

$$\frac{3}{4} \times 6 = \frac{3 \times 6}{4} = \frac{\overset{9}{\cancel{18}}}{\underset{2}{\cancel{4}}} = \frac{9}{2} = 4\frac{1}{2}$$

• 주어진 곱셈에서 바로 약분하여 계산하기

$$\frac{3}{\underset{2}{\cancel{4}}} \times \overset{3}{\cancel{6}} = \frac{9}{2} = 4\frac{1}{2}$$

⏰ 그림을 보고 ☐ 안에 알맞은 수를 써넣으시오. (1~2)

1

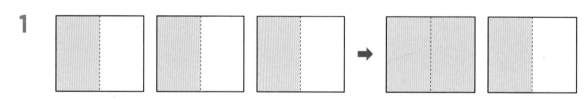

$$\frac{1}{2} \times 3 = \frac{1}{2} + \frac{1}{2} + \frac{1}{2} = \frac{1 \times \boxed{}}{2} = \frac{\boxed{}}{2} = \boxed{}$$

2

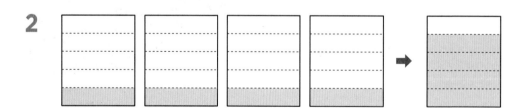

$$\frac{1}{5} \times 4 = \frac{1}{5} + \frac{1}{5} + \frac{1}{5} + \frac{1}{5} = \frac{1 \times \boxed{}}{5} = \frac{\boxed{}}{5}$$

🕐 그림을 보고 ☐ 안에 알맞은 수를 써넣으시오. (3 ~ 6)

3

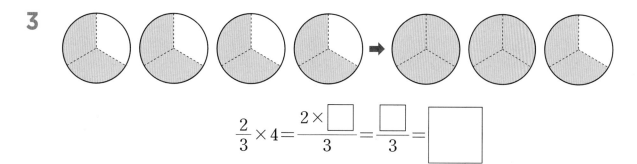

$$\frac{2}{3} \times 4 = \frac{2 \times \boxed{}}{3} = \frac{\boxed{}}{3} = \boxed{}$$

4

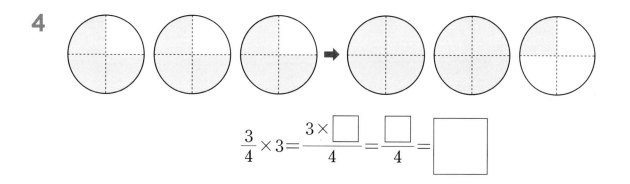

$$\frac{3}{4} \times 3 = \frac{3 \times \boxed{}}{4} = \frac{\boxed{}}{4} = \boxed{}$$

5

$$\frac{2}{7} \times 4 = \frac{2 \times \boxed{}}{7} = \frac{\boxed{}}{7} = \boxed{}$$

6

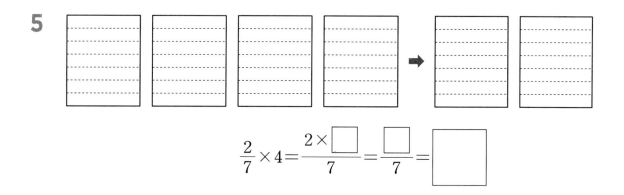

$$\frac{5}{8} \times 3 = \frac{5 \times \boxed{}}{8} = \frac{\boxed{}}{8} = \boxed{}$$

1 (진분수) × (자연수) (2)

⏰ □ 안에 알맞은 수를 써넣으시오. (1 ~ 12)

1 $\dfrac{1}{3} \times 7 = \dfrac{1 \times \square}{3} = \dfrac{\square}{3} = \square$

2 $\dfrac{2}{3} \times 5 = \dfrac{2 \times \square}{3} = \dfrac{\square}{3} = \square$

3 $\dfrac{1}{5} \times 8 = \dfrac{1 \times \square}{5} = \dfrac{\square}{5} = \square$

4 $\dfrac{3}{5} \times 4 = \dfrac{3 \times \square}{5} = \dfrac{\square}{5} = \square$

5 $\dfrac{5}{9} \times 7 = \dfrac{5 \times \square}{9} = \dfrac{\square}{9} = \square$

6 $\dfrac{3}{7} \times 6 = \dfrac{3 \times \square}{7} = \dfrac{\square}{7} = \square$

7 $\dfrac{5}{6} \times 3 = \dfrac{5 \times \square}{6} = \dfrac{\square}{6}$
$= \dfrac{\square}{2} = \square$

8 $\dfrac{4}{9} \times 6 = \dfrac{4 \times \square}{9} = \dfrac{\square}{9}$
$= \dfrac{\square}{3} = \square$

9 $\dfrac{3}{8} \times 12 = \dfrac{3 \times \square}{8} = \dfrac{\square}{8}$
$= \dfrac{\square}{2} = \square$

10 $\dfrac{9}{10} \times 6 = \dfrac{9 \times \square}{10} = \dfrac{\square}{10}$
$= \dfrac{\square}{5} = \square$

11 $\dfrac{7}{10} \times 8 = \dfrac{7 \times \square}{10} = \dfrac{\square}{10}$
$= \dfrac{\square}{5} = \square$

12 $\dfrac{5}{12} \times 14 = \dfrac{5 \times \square}{12} = \dfrac{\square}{12}$
$= \dfrac{\square}{6} = \square$

⏰ 계산을 하시오. (13 ~ 28)

13 $\dfrac{1}{6} \times 8$

14 $\dfrac{1}{9} \times 12$

15 $\dfrac{5}{8} \times 3$

16 $\dfrac{4}{7} \times 6$

17 $\dfrac{8}{15} \times 12$

18 $\dfrac{11}{18} \times 3$

19 $\dfrac{8}{21} \times 14$

20 $\dfrac{16}{27} \times 9$

21 $\dfrac{17}{30} \times 15$

22 $\dfrac{9}{14} \times 6$

23 $\dfrac{5}{12} \times 16$

24 $\dfrac{5}{28} \times 21$

25 $\dfrac{7}{16} \times 24$

26 $\dfrac{2}{25} \times 30$

27 $\dfrac{13}{36} \times 45$

28 $\dfrac{7}{18} \times 24$

⏰ □ 안에 알맞은 수를 써넣으시오. (1~14)

1 $\dfrac{3}{4} \times 6 = \dfrac{3 \times 6}{4} = \dfrac{\square}{\square} = \square$

2 $\dfrac{5}{6} \times 3 = \dfrac{\square}{\square} = \square$

3 $\dfrac{7}{8} \times 6 = \dfrac{7 \times 6}{8} = \dfrac{\square}{\square} = \square$

4 $\dfrac{4}{9} \times 3 = \dfrac{\square}{\square} = \square$

5 $\dfrac{3}{10} \times 4 = \dfrac{3 \times 4}{10} = \dfrac{\square}{\square} = \square$

6 $\dfrac{5}{12} \times 8 = \dfrac{\square}{\square} = \square$

7 $\dfrac{7}{12} \times 6 = \dfrac{7 \times 6}{12} = \dfrac{\square}{\square} = \square$

8 $\dfrac{8}{15} \times 6 = \dfrac{\square}{\square} = \square$

9 $\dfrac{7}{10} \times 5 = \dfrac{7 \times 5}{10} = \dfrac{\square}{\square} = \square$

10 $\dfrac{11}{14} \times 7 = \dfrac{\square}{\square} = \square$

11 $\dfrac{11}{18} \times 4 = \dfrac{11 \times 4}{18} = \dfrac{\square}{\square} = \square$

12 $\dfrac{7}{16} \times 8 = \dfrac{\square}{\square} = \square$

13 $\dfrac{17}{20} \times 15 = \dfrac{17 \times 15}{20} = \dfrac{\square}{\square} = \square$

14 $\dfrac{11}{24} \times 16 = \dfrac{\square}{\square} = \square$

계산은 빠르고 정확하게!

🕐 계산을 하시오. (15~30)

15 $\dfrac{3}{4} \times 10$

16 $\dfrac{5}{8} \times 12$

17 $\dfrac{7}{9} \times 15$

18 $\dfrac{5}{6} \times 8$

19 $\dfrac{3}{10} \times 6$

20 $\dfrac{7}{16} \times 10$

21 $\dfrac{7}{12} \times 8$

22 $\dfrac{11}{14} \times 7$

23 $\dfrac{9}{25} \times 10$

24 $\dfrac{17}{36} \times 6$

25 $\dfrac{19}{30} \times 20$

26 $\dfrac{4}{45} \times 15$

27 $\dfrac{15}{26} \times 13$

28 $\dfrac{34}{81} \times 18$

29 $\dfrac{13}{54} \times 27$

30 $\dfrac{11}{63} \times 28$

(진분수) × (자연수)(4)

🕐 빈 곳에 알맞은 수를 써넣으시오. (1~10)

1

$\frac{1}{7}$ × 9 =

2

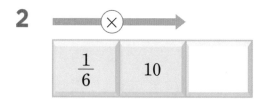

$\frac{1}{6}$ × 10 =

3

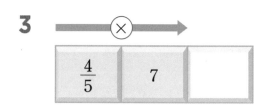

$\frac{4}{5}$ × 7 =

4

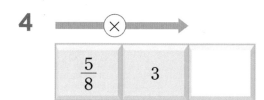

$\frac{5}{8}$ × 3 =

5

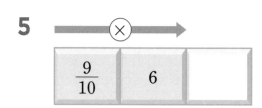

$\frac{9}{10}$ × 6 =

6

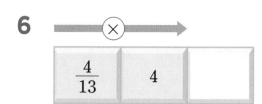

$\frac{4}{13}$ × 4 =

7

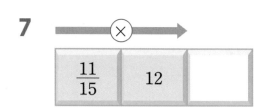

$\frac{11}{15}$ × 12 =

8

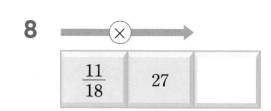

$\frac{11}{18}$ × 27 =

9

$\frac{13}{24}$ × 8 =

10

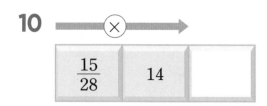

$\frac{15}{28}$ × 14 =

계산은 빠르고 정확하게!

걸린 시간	1~6분	6~9분	9~12분
맞은 개수	17~18개	13~16개	1~12개
평가	참 잘했어요.	잘했어요.	좀더 노력해요.

⏰ □ 안에 알맞은 수를 써넣으시오. (11 ~ 18)

11 $\frac{7}{8}$

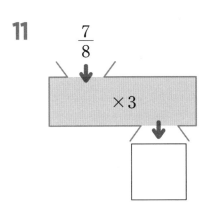

12 $\frac{4}{9}$

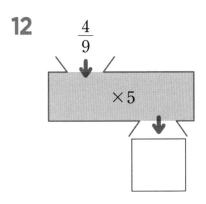

13 $\frac{9}{10}$

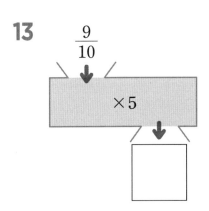

14 $\frac{5}{12}$

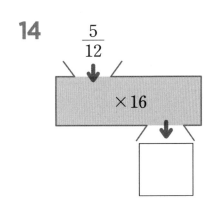

15 $\frac{9}{16}$

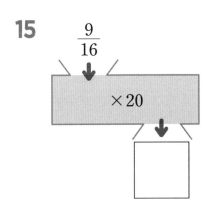

16 $\frac{8}{21}$

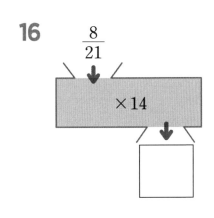

17 $\frac{5}{22}$

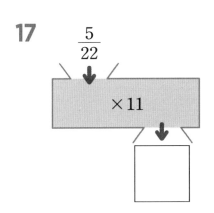

18 $\frac{13}{27}$

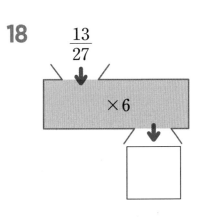

2 (대분수) × (자연수) (1)

방법 ① 대분수를 자연수 부분과 분수 부분으로 나누어 각각 자연수를 곱해 서로 더합니다.

$$1\frac{1}{4} \times 2 = \left(1 + \frac{1}{4}\right) \times 2 = (1 \times 2) + \left(\frac{1}{4} \times \overset{1}{2}\right) = 2 + \frac{1}{2} = 2\frac{1}{2}$$

방법 ② 대분수를 가분수로 고친 후 분수의 분자와 자연수를 곱합니다.

$$1\frac{1}{4} \times 2 = \frac{5}{4} \times \overset{1}{2} = \frac{5}{2} = 2\frac{1}{2}$$

⏰ □ 안에 알맞은 수를 써넣으시오. (1~5)

1 $1\frac{2}{5} \times 3 = (1 \times \square) + \left(\frac{2}{5} \times \square\right) = \square + \square\frac{\square}{5} = \square$

2 $3\frac{3}{4} \times 2 = (3 \times \square) + \left(\frac{3}{4} \times \square\right) = \square + \square\frac{\square}{2} = \square$

3 $2\frac{2}{7} \times 4 = (2 \times \square) + \left(\frac{2}{7} \times \square\right) = \square + \square\frac{\square}{7} = \square$

4 $1\frac{7}{10} \times 5 = (1 \times \square) + \left(\frac{7}{10} \times \square\right) = \square + \square\frac{\square}{2} = \square$

5 $2\frac{5}{8} \times 6 = (2 \times \square) + \left(\frac{5}{8} \times \square\right) = \square + \square\frac{\square}{4} = \square$

⏰ 계산을 하시오. (6 ~ 21)

6 $1\frac{1}{2} \times 3$

7 $2\frac{2}{5} \times 3$

8 $3\frac{1}{3} \times 4$

9 $1\frac{3}{8} \times 4$

10 $3\frac{1}{4} \times 3$

11 $2\frac{5}{6} \times 2$

12 $3\frac{7}{10} \times 2$

13 $4\frac{5}{12} \times 3$

14 $2\frac{2}{9} \times 18$

15 $3\frac{11}{15} \times 6$

16 $7\frac{1}{5} \times 10$

17 $2\frac{1}{16} \times 12$

18 $3\frac{3}{14} \times 4$

19 $2\frac{5}{18} \times 4$

20 $2\frac{3}{20} \times 24$

21 $3\frac{11}{35} \times 14$

2 (대분수) × (자연수)(2)

⏰ □ 안에 알맞은 수를 써넣으시오. (1~12)

1 $1\dfrac{1}{5} \times 2 = \dfrac{\square}{5} \times 2 = \dfrac{\square}{5} = \square$

2 $1\dfrac{1}{3} \times 4 = \dfrac{\square}{3} \times 4 = \dfrac{\square}{3} = \square$

3 $2\dfrac{3}{7} \times 3 = \dfrac{\square}{7} \times 3 = \dfrac{\square}{7} = \square$

4 $2\dfrac{2}{5} \times 3 = \dfrac{\square}{5} \times 3 = \dfrac{\square}{5} = \square$

5 $3\dfrac{1}{8} \times 5 = \dfrac{\square}{8} \times 5 = \dfrac{\square}{8} = \square$

6 $1\dfrac{4}{5} \times 4 = \dfrac{\square}{5} \times 4 = \dfrac{\square}{5} = \square$

7 $3\dfrac{1}{4} \times 2 = \dfrac{\square}{4} \times 2 = \dfrac{\square \times \overset{\square}{2}}{\underset{\square}{4}} = \dfrac{\square}{\square}$
$= \square$

8 $2\dfrac{5}{6} \times 3 = \dfrac{\square}{6} \times 3 = \dfrac{\square \times \overset{\square}{3}}{\underset{\square}{6}} = \dfrac{\square}{\square}$
$= \square$

9 $1\dfrac{5}{6} \times 9 = \dfrac{\square}{6} \times 9 = \dfrac{\square \times \overset{\square}{9}}{\underset{\square}{6}} = \dfrac{\square}{\square}$
$= \square$

10 $3\dfrac{5}{8} \times 4 = \dfrac{\square}{8} \times 4 = \dfrac{\square \times \overset{\square}{4}}{\underset{\square}{8}} = \dfrac{\square}{\square}$
$= \square$

11 $3\dfrac{4}{9} \times 3 = \dfrac{\square}{9} \times 3 = \dfrac{\square \times \overset{\square}{3}}{\underset{\square}{9}} = \dfrac{\square}{\square}$
$= \square$

12 $2\dfrac{7}{10} \times 4 = \dfrac{\square}{10} \times 4 = \dfrac{\square \times \overset{\square}{4}}{\underset{\square}{10}} = \dfrac{\square}{\square}$
$= \square$

⏰ **계산을 하시오. (13 ~ 28)**

13 $2\dfrac{1}{3} \times 4$

14 $1\dfrac{2}{9} \times 3$

15 $2\dfrac{3}{5} \times 4$

16 $1\dfrac{5}{7} \times 2$

17 $1\dfrac{5}{8} \times 5$

18 $3\dfrac{1}{6} \times 4$

19 $2\dfrac{3}{11} \times 3$

20 $6\dfrac{1}{12} \times 3$

21 $7\dfrac{1}{2} \times 10$

22 $4\dfrac{3}{10} \times 8$

23 $2\dfrac{7}{12} \times 4$

24 $1\dfrac{7}{15} \times 3$

25 $3\dfrac{1}{16} \times 4$

26 $1\dfrac{5}{12} \times 9$

27 $2\dfrac{3}{26} \times 20$

28 $5\dfrac{2}{45} \times 18$

2 (대분수) × (자연수)(3)

⏰ 빈 곳에 알맞은 수를 써넣으시오. (1~10)

1 $1\dfrac{3}{4}$ ⊗ 3 ☐

2 $2\dfrac{1}{6}$ ⊗ 4 ☐

3 $3\dfrac{1}{3}$ ⊗ 4 ☐

4 $5\dfrac{3}{7}$ ⊗ 2 ☐

5 $4\dfrac{1}{10}$ ⊗ 3 ☐

6 $6\dfrac{1}{4}$ ⊗ 4 ☐

7 $3\dfrac{7}{12}$ ⊗ 2 ☐

8 $1\dfrac{5}{18}$ ⊗ 6 ☐

9 $2\dfrac{4}{15}$ ⊗ 5 ☐

10 $1\dfrac{7}{12}$ ⊗ 8 ☐

계산은 빠르고 정확하게!

걸린 시간	1~6분	6~9분	9~12분
맞은 개수	17~18개	13~16개	1~12개
평가	참 잘했어요.	잘했어요.	좀더 노력해요.

⏰ ☐ 안에 알맞은 수를 써넣으시오. (11 ~ 18)

11
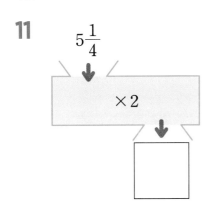

12
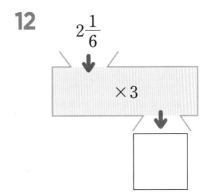

13
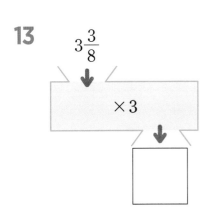

14
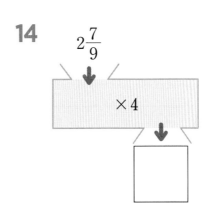

15
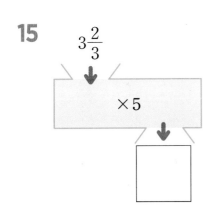

16
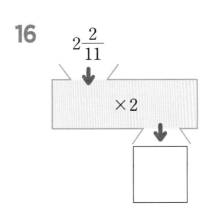

17
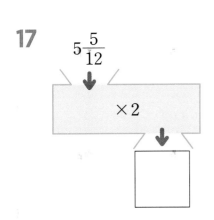

18
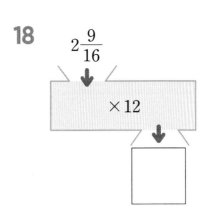

3 (자연수) × (진분수)(1)

방법 ① 곱을 구한 다음 약분하여 계산합니다.

$$6 \times \frac{2}{9} = \frac{6 \times 2}{9} = \frac{\overset{4}{\cancel{12}}}{\underset{3}{\cancel{9}}} = \frac{4}{3} = 1\frac{1}{3}$$

방법 ② 주어진 곱셈에서 바로 약분하여 계산합니다.

$$\overset{2}{\cancel{6}} \times \frac{2}{\underset{3}{\cancel{9}}} = \frac{4}{3} = 1\frac{1}{3}$$

⏰ 그림을 보고 □ 안에 알맞은 수를 써넣으시오. (1~3)

1

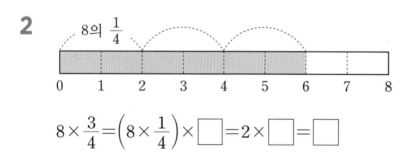

6의 $\frac{1}{3}$

0 1 2 3 4 5 6

$$6 \times \frac{2}{3} = \left(6 \times \frac{1}{3}\right) \times \boxed{} = 2 \times \boxed{} = \boxed{}$$

2

8의 $\frac{1}{4}$

0 1 2 3 4 5 6 7 8

$$8 \times \frac{3}{4} = \left(8 \times \frac{1}{4}\right) \times \boxed{} = 2 \times \boxed{} = \boxed{}$$

3

9의 $\frac{1}{3}$

0 1 2 3 4 5 6 7 8 9

$$9 \times \frac{2}{3} = \left(9 \times \frac{1}{3}\right) \times \boxed{} = 3 \times \boxed{} = \boxed{}$$

⏰ □ 안에 알맞은 수를 써넣으시오. (4 ~ 7)

4

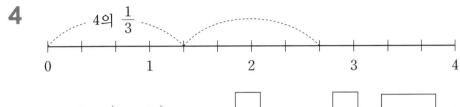

$$4 \times \frac{2}{3} = \left(4 \times \frac{1}{3}\right) \times \square = \frac{\square}{3} \times \square = \frac{\square}{3} = \square$$

5

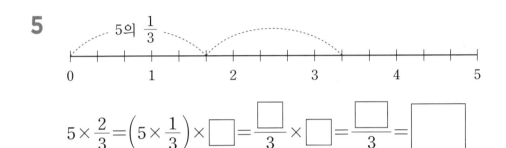

$$5 \times \frac{2}{3} = \left(5 \times \frac{1}{3}\right) \times \square = \frac{\square}{3} \times \square = \frac{\square}{3} = \square$$

6

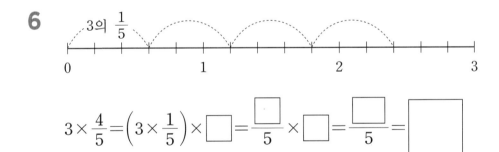

$$3 \times \frac{4}{5} = \left(3 \times \frac{1}{5}\right) \times \square = \frac{\square}{5} \times \square = \frac{\square}{5} = \square$$

7

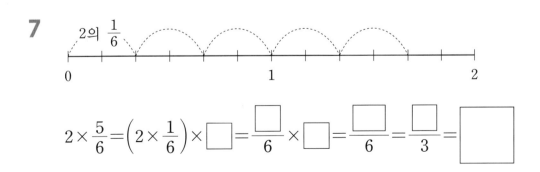

$$2 \times \frac{5}{6} = \left(2 \times \frac{1}{6}\right) \times \square = \frac{\square}{6} \times \square = \frac{\square}{6} = \frac{\square}{3} = \square$$

3 (자연수) × (진분수) (2)

⏰ ☐ 안에 알맞은 수를 써넣으시오. (1~10)

1 $6 \times \dfrac{3}{4} = \dfrac{6 \times \square}{4} = \dfrac{\square}{4} = \dfrac{\square}{2} = \square$

2 $8 \times \dfrac{5}{6} = \dfrac{8 \times \square}{6} = \dfrac{\square}{6} = \dfrac{\square}{3} = \square$

3 $9 \times \dfrac{5}{6} = \dfrac{9 \times \square}{6} = \dfrac{\square}{6} = \dfrac{\square}{2} = \square$

4 $6 \times \dfrac{4}{9} = \dfrac{6 \times \square}{9} = \dfrac{\square}{9} = \dfrac{\square}{3} = \square$

5 $10 \times \dfrac{7}{8} = \dfrac{10 \times \square}{8} = \dfrac{\square}{8} = \dfrac{\square}{4} = \square$

6 $9 \times \dfrac{7}{12} = \dfrac{9 \times \square}{12} = \dfrac{\square}{12} = \dfrac{\square}{4} = \square$

7 $3 \times \dfrac{7}{9} = \dfrac{3 \times \square}{9} = \dfrac{\square}{9} = \dfrac{\square}{3} = \square$

8 $4 \times \dfrac{9}{10} = \dfrac{4 \times \square}{10} = \dfrac{\square}{10} = \dfrac{\square}{5} = \square$

9 $6 \times \dfrac{3}{4} = \dfrac{6 \times \square}{4} = \dfrac{\square}{4} = \dfrac{\square}{2} = \square$

10 $25 \times \dfrac{4}{15} = \dfrac{25 \times \square}{15} = \dfrac{\square}{15} = \dfrac{\square}{3} = \square$

계산은 빠르고 정확하게!

걸린 시간	1~8분	8~12분	12~16분
맞은 개수	24~26개	19~23개	1~18개
평가	참 잘했어요.	잘했어요.	좀더 노력해요.

🕐 **계산을 하시오. (11 ~ 26)**

11 $5 \times \dfrac{3}{4}$

12 $7 \times \dfrac{2}{5}$

13 $10 \times \dfrac{5}{6}$

14 $8 \times \dfrac{3}{4}$

15 $9 \times \dfrac{7}{12}$

16 $6 \times \dfrac{5}{9}$

17 $14 \times \dfrac{4}{21}$

18 $15 \times \dfrac{3}{10}$

19 $28 \times \dfrac{5}{14}$

20 $24 \times \dfrac{7}{18}$

21 $30 \times \dfrac{9}{20}$

22 $36 \times \dfrac{5}{18}$

23 $26 \times \dfrac{5}{12}$

24 $35 \times \dfrac{13}{25}$

25 $45 \times \dfrac{4}{9}$

26 $77 \times \dfrac{3}{22}$

3 (자연수) × (진분수) (3)

⏰ □ 안에 알맞은 수를 써넣으시오. (1~14)

1 $\dfrac{\square}{\cancel{9}} \times \dfrac{2}{3} = \square$ $\square$

2 $\dfrac{\square}{\cancel{12}} \times \dfrac{5}{6} = \square$ $\square$

3 $\dfrac{\square}{\cancel{8}} \times \dfrac{5}{6} = \dfrac{\square}{\square} = \square$ $\square$

4 $\dfrac{\square}{\cancel{4}} \times \dfrac{7}{8} = \dfrac{\square}{\square} = \square$ $\square$

5 $\dfrac{\square}{\cancel{10}} \times \dfrac{3}{4} = \dfrac{\square}{\square} = \square$ $\square$

6 $\dfrac{\square}{\cancel{12}} \times \dfrac{3}{8} = \dfrac{\square}{\square} = \square$ $\square$

7 $\dfrac{\square}{\cancel{12}} \times \dfrac{4}{9} = \dfrac{\square}{\square} = \square$ $\square$

8 $\dfrac{\square}{\cancel{24}} \times \dfrac{7}{18} = \dfrac{\square}{\square} = \square$ $\square$

9 $\dfrac{\square}{\cancel{15}} \times \dfrac{3}{10} = \dfrac{\square}{\square} = \square$ $\square$

10 $\dfrac{\square}{\cancel{16}} \times \dfrac{9}{20} = \dfrac{\square}{\square} = \square$ $\square$

11 $\dfrac{\square}{\cancel{18}} \times \dfrac{4}{15} = \dfrac{\square}{\square} = \square$ $\square$

12 $\dfrac{\square}{\cancel{14}} \times \dfrac{3}{8} = \dfrac{\square}{\square} = \square$ $\square$

13 $\dfrac{\square}{\cancel{14}} \times \dfrac{8}{21} = \dfrac{\square}{\square} = \square$ $\square$

14 $\dfrac{\square}{\cancel{25}} \times \dfrac{9}{10} = \dfrac{\square}{\square} = \square$ $\square$

⏰ 계산을 하시오. (15 ~ 30)

15 $6 \times \dfrac{4}{9}$

16 $8 \times \dfrac{7}{10}$

17 $10 \times \dfrac{7}{12}$

18 $22 \times \dfrac{3}{11}$

19 $12 \times \dfrac{11}{15}$

20 $13 \times \dfrac{7}{26}$

21 $14 \times \dfrac{9}{16}$

22 $40 \times \dfrac{7}{30}$

23 $24 \times \dfrac{3}{16}$

24 $14 \times \dfrac{9}{10}$

25 $20 \times \dfrac{7}{12}$

26 $32 \times \dfrac{3}{10}$

27 $38 \times \dfrac{5}{12}$

28 $48 \times \dfrac{9}{40}$

29 $30 \times \dfrac{5}{18}$

30 $75 \times \dfrac{13}{50}$

3 (자연수) × (진분수)(4)

⏰ 빈 곳에 알맞은 수를 써넣으시오. (1~10)

1
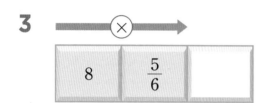

| 6 | $\dfrac{2}{5}$ | |

2
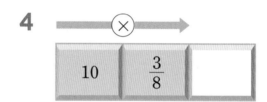

| 5 | $\dfrac{7}{10}$ | |

3
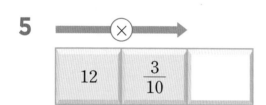

| 8 | $\dfrac{5}{6}$ | |

4
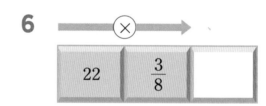

| 10 | $\dfrac{3}{8}$ | |

5
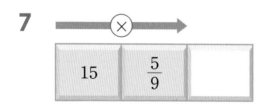

| 12 | $\dfrac{3}{10}$ | |

6
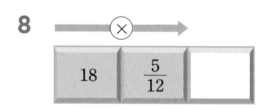

| 22 | $\dfrac{3}{8}$ | |

7
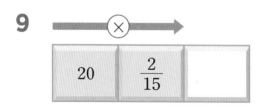

| 15 | $\dfrac{5}{9}$ | |

8
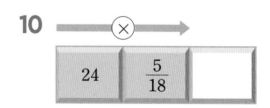

| 18 | $\dfrac{5}{12}$ | |

9

| 20 | $\dfrac{2}{15}$ | |

10

| 24 | $\dfrac{5}{18}$ | |

⏰ □ 안에 알맞은 수를 써넣으시오. (11 ~ 18)

11
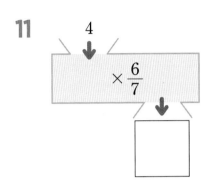

12
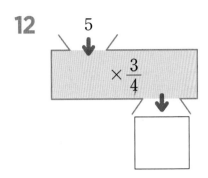

13
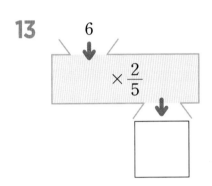

14
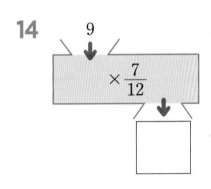

15
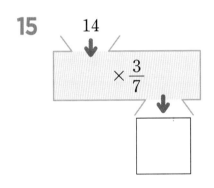

16
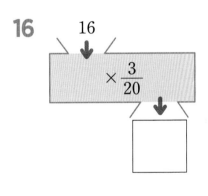

17
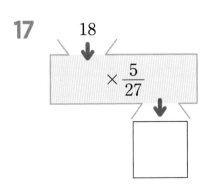

18
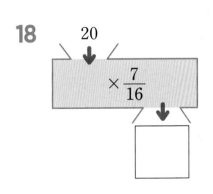

4 (자연수) × (대분수) (1)

방법 ① 대분수를 자연수 부분과 분수 부분으로 나누어 각각 자연수와 곱해 서로 더합니다.

$$6 \times 1\frac{1}{4} = 6 \times \left(1 + \frac{1}{4}\right) = (6 \times 1) + \left(\overset{3}{6} \times \frac{1}{\underset{2}{4}}\right)$$

$$= 6 + \frac{3}{2} = 6 + 1\frac{1}{2} = 7\frac{1}{2}$$

방법 ② 대분수를 가분수로 고친 후 자연수와 분자를 곱합니다.

$$6 \times 1\frac{1}{4} = \overset{3}{6} \times \frac{5}{\underset{2}{4}} = \frac{15}{2} = 7\frac{1}{2}$$

⏰ □ 안에 알맞은 수를 써넣으시오. **(1~4)**

1 $5 \times 1\frac{2}{3} = (5 \times \boxed{}) + \left(5 \times \frac{\boxed{}}{3}\right) = \boxed{} + \boxed{}\frac{\boxed{}}{3} = \boxed{}$

2 $4 \times 2\frac{2}{5} = (4 \times \boxed{}) + \left(4 \times \frac{\boxed{}}{5}\right) = \boxed{} + \boxed{}\frac{\boxed{}}{5} = \boxed{}$

3 $6 \times 2\frac{1}{3} = (6 \times \boxed{}) + \left(\overset{\boxed{}}{6} \times \frac{\boxed{}}{\underset{\boxed{}}{3}}\right) = \boxed{} + \boxed{} = \boxed{}$

4 $4 \times 3\frac{5}{6} = (4 \times \boxed{}) + \left(\overset{\boxed{}}{4} \times \frac{\boxed{}}{\underset{\boxed{}}{6}}\right) = \boxed{} + \boxed{}\frac{\boxed{}}{3} = \boxed{}$

계산은 빠르고 정확하게!

걸린 시간	1~6분	6~9분	9~12분
맞은 개수	18~20개	14~17개	1~13개
평가	참 잘했어요.	잘했어요.	좀더 노력해요.

⏰ 계산을 하시오. (5~20)

5 $3 \times 1\frac{3}{4}$

6 $5 \times 2\frac{1}{2}$

7 $6 \times 3\frac{1}{4}$

8 $4 \times 1\frac{5}{6}$

9 $8 \times 2\frac{4}{5}$

10 $5 \times 3\frac{3}{10}$

11 $7 \times 1\frac{3}{8}$

12 $9 \times 2\frac{1}{6}$

13 $10 \times 2\frac{5}{12}$

14 $12 \times 1\frac{3}{8}$

15 $9 \times 2\frac{4}{15}$

16 $6 \times 2\frac{7}{9}$

17 $15 \times 1\frac{7}{10}$

18 $10 \times 2\frac{1}{8}$

19 $14 \times 2\frac{3}{35}$

20 $16 \times 1\frac{5}{6}$

⏰ □ 안에 알맞은 수를 써넣으시오. (1~14)

1 $4 \times 2\frac{3}{5} = 4 \times \dfrac{\boxed{}}{5} = \dfrac{\boxed{}}{5} = \boxed{}$

2 $3 \times 3\frac{1}{4} = 3 \times \dfrac{\boxed{}}{4} = \dfrac{\boxed{}}{4} = \boxed{}$

3 $6 \times 1\frac{1}{4} = \overset{\boxed{}}{6} \times \dfrac{\boxed{}}{\underset{\boxed{}}{4}} = \dfrac{\boxed{}}{\boxed{}} = \boxed{}$

4 $5 \times 2\frac{2}{3} = 5 \times \dfrac{\boxed{}}{3} = \dfrac{\boxed{}}{3} = \boxed{}$

5 $8 \times 3\frac{5}{6} = \overset{\boxed{}}{8} \times \dfrac{\boxed{}}{\underset{\boxed{}}{6}} = \dfrac{\boxed{}}{\boxed{}} = \boxed{}$

6 $6 \times 3\frac{1}{3} = \overset{\boxed{}}{6} \times \dfrac{\boxed{}}{\underset{\boxed{}}{3}} = \boxed{}$

7 $10 \times 4\frac{4}{5} = \overset{\boxed{}}{10} \times \dfrac{\boxed{}}{\underset{\boxed{}}{5}} = \boxed{}$

8 $6 \times 4\frac{3}{4} = \overset{\boxed{}}{6} \times \dfrac{\boxed{}}{\underset{\boxed{}}{4}} = \dfrac{\boxed{}}{\boxed{}} = \boxed{}$

9 $9 \times 2\frac{1}{12} = \overset{\boxed{}}{9} \times \dfrac{\boxed{}}{\underset{\boxed{}}{12}} = \dfrac{\boxed{}}{\boxed{}} = \boxed{}$

10 $8 \times 2\frac{3}{10} = \overset{\boxed{}}{8} \times \dfrac{\boxed{}}{\underset{\boxed{}}{10}} = \dfrac{\boxed{}}{\boxed{}} = \boxed{}$

11 $24 \times 1\frac{5}{8} = \overset{\boxed{}}{24} \times \dfrac{\boxed{}}{\underset{\boxed{}}{8}} = \boxed{}$

12 $12 \times 3\frac{1}{8} = \overset{\boxed{}}{12} \times \dfrac{\boxed{}}{\underset{\boxed{}}{8}} = \dfrac{\boxed{}}{\boxed{}} = \boxed{}$

13 $14 \times 2\frac{2}{21} = \overset{\boxed{}}{14} \times \dfrac{\boxed{}}{\underset{\boxed{}}{21}} = \dfrac{\boxed{}}{\boxed{}}$

$= \boxed{}$

14 $9 \times 2\frac{2}{15} = \overset{\boxed{}}{9} \times \dfrac{\boxed{}}{\underset{\boxed{}}{15}} = \dfrac{\boxed{}}{\boxed{}}$

$= \boxed{}$

⏰ 계산을 하시오. (15 ~ 30)

15 $2 \times 1\frac{2}{3}$

16 $7 \times 1\frac{3}{5}$

17 $3 \times 2\frac{5}{6}$

18 $8 \times 1\frac{3}{10}$

19 $9 \times 2\frac{1}{3}$

20 $10 \times 3\frac{1}{4}$

21 $24 \times 2\frac{3}{20}$

22 $9 \times 1\frac{5}{18}$

23 $20 \times 2\frac{4}{15}$

24 $16 \times 1\frac{7}{12}$

25 $8 \times 2\frac{5}{6}$

26 $10 \times 2\frac{4}{15}$

27 $13 \times 2\frac{11}{26}$

28 $15 \times 2\frac{7}{9}$

29 $17 \times 1\frac{5}{34}$

30 $14 \times 3\frac{7}{16}$

4 (자연수) × (대분수) (3)

학습 날짜

월   일

🕐 빈 곳에 알맞은 수를 써 넣으시오. (1~10)

1

3	$2\frac{2}{5}$	

2

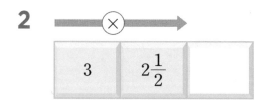

3	$2\frac{1}{2}$	

3

4	$3\frac{2}{3}$	

4

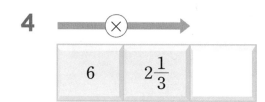

6	$2\frac{1}{3}$	

5

8	$1\frac{2}{7}$	

6

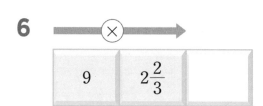

9	$2\frac{2}{3}$	

7

10	$2\frac{1}{4}$	

8

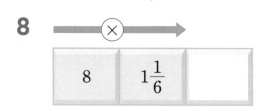

8	$1\frac{1}{6}$	

9

12	$1\frac{3}{8}$	

10

10	$2\frac{5}{6}$	

계산은 빠르고 정확하게!

걸린 시간	1~6분	6~9분	9~12분
맞은 개수	17~18개	13~16개	1~12개
평가	참 잘했어요.	잘했어요.	좀더 노력해요.

□ 안에 알맞은 수를 써넣으시오. (11 ~ 18)

11
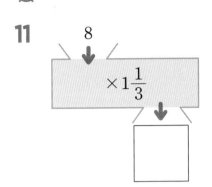

12
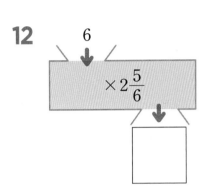

13
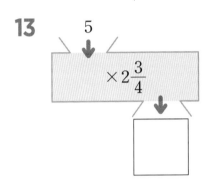

14
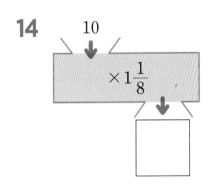

15
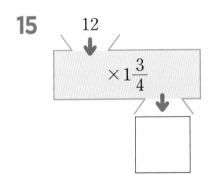

16
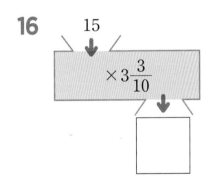

17
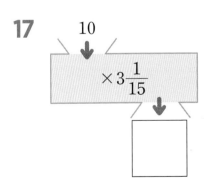

18
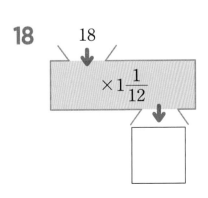

5 (단위분수) × (단위분수), (진분수) × (단위분수)(1)

⭐ (단위분수) × (단위분수)

분자는 그대로 두고 분모끼리 곱합니다.

$$\frac{1}{3} \times \frac{1}{2} = \frac{1}{3 \times 2} = \frac{1}{6}$$

⭐ (진분수) × (단위분수)

분자는 분자끼리 분모는 분모끼리 곱합니다.

$$\frac{2}{3} \times \frac{1}{5} = \frac{2 \times 1}{3 \times 5} = \frac{2}{15}$$

⏰ 그림을 보고 □ 안에 알맞은 수를 써넣으시오. (1~3)

1

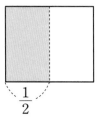

$$\frac{1}{2} \times \frac{1}{2} = \frac{1}{2 \times \boxed{}} = \frac{1}{\boxed{}}$$

2

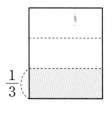

$$\frac{1}{3} \times \frac{1}{4} = \frac{1}{3 \times \boxed{}} = \frac{1}{\boxed{}}$$

3

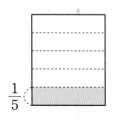

$$\frac{1}{5} \times \frac{1}{2} = \frac{1}{5 \times \boxed{}} = \frac{1}{\boxed{}}$$

⏰ □ 안에 알맞은 수를 써넣으시오. (4~7)

4 $\dfrac{1}{2} \times \dfrac{1}{4} = \dfrac{1}{\square \times \square} = \dfrac{1}{\square}$

5 $\dfrac{1}{5} \times \dfrac{1}{7} = \dfrac{1}{\square \times \square} = \dfrac{1}{\square}$

6 $\dfrac{1}{6} \times \dfrac{1}{3} = \dfrac{1}{\square \times \square} = \dfrac{1}{\square}$

7 $\dfrac{1}{4} \times \dfrac{1}{5} = \dfrac{1}{\square \times \square} = \dfrac{1}{\square}$

⏰ 계산을 하시오. (8~17)

8 $\dfrac{1}{3} \times \dfrac{1}{5}$

9 $\dfrac{1}{6} \times \dfrac{1}{7}$

10 $\dfrac{1}{10} \times \dfrac{1}{8}$

11 $\dfrac{1}{9} \times \dfrac{1}{6}$

12 $\dfrac{1}{4} \times \dfrac{1}{11}$

13 $\dfrac{1}{5} \times \dfrac{1}{8}$

14 $\dfrac{1}{10} \times \dfrac{1}{9}$

15 $\dfrac{1}{12} \times \dfrac{1}{4}$

16 $\dfrac{1}{6} \times \dfrac{1}{8}$

17 $\dfrac{1}{11} \times \dfrac{1}{5}$

⏰ 그림을 보고 □ 안에 알맞은 수를 써넣으시오. (1~4)

1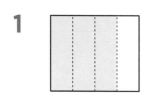

$$\frac{3}{4} \times \frac{1}{2} = \frac{3 \times \square}{4 \times \square} = \boxed{}$$

$\frac{3}{4}$ $\frac{3}{4} \times \frac{1}{2}$

2

$$\frac{2}{5} \times \frac{1}{3} = \frac{2 \times \square}{5 \times \square} = \boxed{}$$

$\frac{2}{5}$ $\frac{2}{5} \times \frac{1}{3}$

3

$$\frac{1}{4} \times \frac{3}{5} = \frac{1 \times \square}{4 \times \square} = \boxed{}$$

$\frac{1}{4}$ $\frac{1}{4} \times \frac{3}{5}$

4

$$\frac{1}{3} \times \frac{5}{6} = \frac{1 \times \square}{3 \times \square} = \boxed{}$$

$\frac{1}{3}$ $\frac{1}{3} \times \frac{5}{6}$

⏰ □ 안에 알맞은 수를 써넣으시오. (5~8)

5 $\dfrac{4}{5} \times \dfrac{1}{3} = \dfrac{4 \times \square}{5 \times \square} = \square$

6 $\dfrac{1}{4} \times \dfrac{3}{4} = \dfrac{1 \times \square}{4 \times \square} = \square$

7 $\dfrac{3}{8} \times \dfrac{1}{5} = \dfrac{3 \times \square}{8 \times \square} = \square$

8 $\dfrac{1}{6} \times \dfrac{5}{7} = \dfrac{1 \times \square}{6 \times \square} = \square$

⏰ 계산을 하시오. (9~18)

9 $\dfrac{2}{3} \times \dfrac{1}{7}$

10 $\dfrac{1}{8} \times \dfrac{5}{9}$

11 $\dfrac{4}{5} \times \dfrac{1}{9}$

12 $\dfrac{1}{3} \times \dfrac{7}{8}$

13 $\dfrac{7}{10} \times \dfrac{1}{3}$

14 $\dfrac{1}{12} \times \dfrac{5}{6}$

15 $\dfrac{3}{4} \times \dfrac{5}{11}$

16 $\dfrac{1}{7} \times \dfrac{8}{9}$

17 $\dfrac{5}{8} \times \dfrac{1}{6}$

18 $\dfrac{1}{15} \times \dfrac{7}{8}$

5 (단위분수) × (단위분수), (진분수) × (단위분수)(3)

⏰ 빈 곳에 알맞은 수를 써넣으시오. (1~10)

1 ×

| $\dfrac{1}{2}$ | $\dfrac{1}{5}$ | |

2 ×

| $\dfrac{1}{4}$ | $\dfrac{1}{6}$ | |

3 ×

| $\dfrac{1}{7}$ | $\dfrac{1}{3}$ | |

4 ×

| $\dfrac{1}{8}$ | $\dfrac{1}{9}$ | |

5 ×

| $\dfrac{4}{5}$ | $\dfrac{1}{3}$ | |

6 ×

| $\dfrac{1}{2}$ | $\dfrac{5}{7}$ | |

7 ×

| $\dfrac{5}{6}$ | $\dfrac{1}{7}$ | |

8 ×

| $\dfrac{1}{4}$ | $\dfrac{3}{8}$ | |

9 ×

| $\dfrac{3}{4}$ | $\dfrac{1}{8}$ | |

10 ×

| $\dfrac{1}{9}$ | $\dfrac{10}{11}$ | |

계산은 빠르고 정확하게!

걸린 시간	1~5분	5~7분	7~8분
맞은 개수	17~18개	13~16개	1~12개
평가	참 잘했어요.	잘했어요.	좀더 노력해요.

⏰ □ 안에 알맞은 수를 써넣으시오. (11 ~ 18)

11

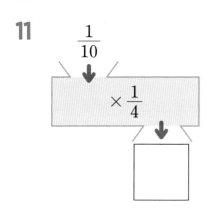

$\dfrac{1}{10}$ $\times \dfrac{1}{4}$

12

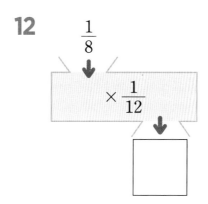

$\dfrac{1}{8}$ $\times \dfrac{1}{12}$

13

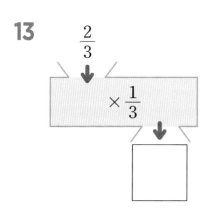

$\dfrac{2}{3}$ $\times \dfrac{1}{3}$

14

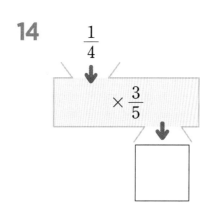

$\dfrac{1}{4}$ $\times \dfrac{3}{5}$

15

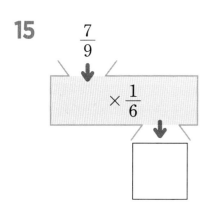

$\dfrac{7}{9}$ $\times \dfrac{1}{6}$

16

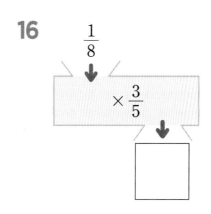

$\dfrac{1}{8}$ $\times \dfrac{3}{5}$

17

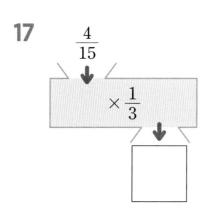

$\dfrac{4}{15}$ $\times \dfrac{1}{3}$

18

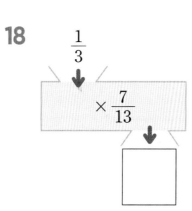

$\dfrac{1}{3}$ $\times \dfrac{7}{13}$

6 (진분수) × (진분수)(1)

방법 ① 곱을 구한 다음 약분하여 계산합니다.

$$\frac{3}{4} \times \frac{5}{6} = \frac{3 \times 5}{4 \times 6} = \frac{\overset{5}{\cancel{15}}}{\underset{8}{\cancel{24}}} = \frac{5}{8}$$

방법 ② 주어진 곱셈에서 바로 약분하여 계산합니다.

$$\frac{\overset{1}{3}}{4} \times \frac{5}{\underset{2}{6}} = \frac{5}{8}$$

🕐 그림을 보고 ☐ 안에 알맞은 수를 써넣으시오. (1~3)

1

$\frac{2}{3}$ $\frac{2}{5}$

$$\frac{2}{3} \times \frac{2}{5} = \frac{\boxed{} \times \boxed{}}{3 \times 5} = \boxed{}$$

2

$\frac{3}{4}$ $\frac{3}{4}$

$$\frac{3}{4} \times \frac{3}{4} = \frac{\boxed{} \times \boxed{}}{4 \times 4} = \boxed{}$$

3

$\frac{3}{4}$ $\frac{3}{5}$

$$\frac{3}{5} \times \frac{3}{4} = \frac{\boxed{} \times \boxed{}}{5 \times 4} = \boxed{}$$

🕐 그림을 보고 ☐ 안에 알맞은 수를 써넣으시오. (4~7)

4

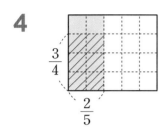

$$\frac{2}{5} \times \frac{3}{4} = \frac{\boxed{} \times \boxed{}}{5 \times 4} = \frac{\boxed{}}{20} = \frac{\boxed{}}{10}$$

5

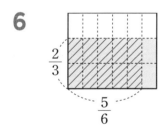

$$\frac{3}{4} \times \frac{2}{3} = \frac{\boxed{} \times \boxed{}}{4 \times 3} = \frac{\boxed{}}{12} = \frac{\boxed{}}{2}$$

6

$$\frac{2}{3} \times \frac{5}{6} = \frac{\boxed{} \times \boxed{}}{3 \times 6} = \frac{\boxed{}}{18} = \frac{\boxed{}}{9}$$

7

$$\frac{4}{5} \times \frac{3}{8} = \frac{\boxed{} \times \boxed{}}{5 \times 8} = \frac{\boxed{}}{40} = \frac{\boxed{}}{10}$$

6 (진분수) × (진분수) (2)

⏰ □ 안에 알맞은 수를 써넣으시오. (1~14)

1 $\dfrac{2}{3} \times \dfrac{4}{5} = \dfrac{\boxed{} \times \boxed{}}{3 \times 5} = \boxed{}$

2 $\dfrac{3}{4} \times \dfrac{3}{7} = \dfrac{\boxed{} \times \boxed{}}{4 \times 7} = \boxed{}$

3 $\dfrac{5}{8} \times \dfrac{3}{4} = \dfrac{\boxed{} \times \boxed{}}{8 \times 4} = \boxed{}$

4 $\dfrac{2}{5} \times \dfrac{4}{9} = \dfrac{\boxed{} \times \boxed{}}{5 \times 9} = \boxed{}$

5 $\dfrac{2}{3} \times \dfrac{5}{6} = \dfrac{\boxed{} \times \boxed{}}{3 \times 6} = \dfrac{\boxed{}}{18} = \dfrac{\boxed{}}{9}$

6 $\dfrac{3}{8} \times \dfrac{2}{3} = \dfrac{\boxed{} \times \boxed{}}{8 \times 3} = \dfrac{\boxed{}}{24} = \dfrac{\boxed{}}{4}$

7 $\dfrac{4}{5} \times \dfrac{3}{4} = \dfrac{\boxed{} \times \boxed{}}{5 \times 4} = \dfrac{\boxed{}}{20} = \dfrac{\boxed{}}{5}$

8 $\dfrac{5}{6} \times \dfrac{9}{10} = \dfrac{\boxed{} \times \boxed{}}{6 \times 10} = \dfrac{\boxed{}}{60} = \dfrac{\boxed{}}{4}$

9 $\dfrac{4}{7} \times \dfrac{3}{8} = \dfrac{\boxed{} \times \boxed{}}{7 \times 8} = \dfrac{\boxed{}}{56} = \dfrac{\boxed{}}{14}$

10 $\dfrac{2}{5} \times \dfrac{3}{8} = \dfrac{\boxed{} \times \boxed{}}{5 \times 8} = \dfrac{\boxed{}}{40} = \dfrac{\boxed{}}{20}$

11 $\dfrac{2}{9} \times \dfrac{3}{8} = \dfrac{\boxed{} \times \boxed{}}{9 \times 8} = \dfrac{\boxed{}}{72} = \dfrac{\boxed{}}{12}$

12 $\dfrac{4}{9} \times \dfrac{3}{10} = \dfrac{\boxed{} \times \boxed{}}{9 \times 10} = \dfrac{\boxed{}}{90} = \dfrac{\boxed{}}{15}$

13 $\dfrac{3}{4} \times \dfrac{7}{9} = \dfrac{\boxed{} \times \boxed{}}{4 \times 9} = \dfrac{\boxed{}}{36} = \dfrac{\boxed{}}{12}$

14 $\dfrac{8}{15} \times \dfrac{5}{7} = \dfrac{\boxed{} \times \boxed{}}{15 \times 7} = \dfrac{\boxed{}}{105} = \dfrac{\boxed{}}{21}$

계산은 빠르고 정확하게!

걸린 시간	1~7분	7~11분	11~14분
맞은 개수	26~28개	20~25개	1~19개
평가	참 잘했어요.	잘했어요.	좀더 노력해요.

🕐 계산을 하시오. (15 ~ 28)

15 $\dfrac{4}{7} \times \dfrac{1}{2}$

16 $\dfrac{3}{5} \times \dfrac{2}{3}$

17 $\dfrac{4}{9} \times \dfrac{6}{7}$

18 $\dfrac{7}{8} \times \dfrac{2}{5}$

19 $\dfrac{3}{10} \times \dfrac{3}{4}$

20 $\dfrac{4}{5} \times \dfrac{3}{7}$

21 $\dfrac{7}{12} \times \dfrac{4}{5}$

22 $\dfrac{3}{8} \times \dfrac{4}{15}$

23 $\dfrac{5}{6} \times \dfrac{3}{10}$

24 $\dfrac{11}{12} \times \dfrac{6}{7}$

25 $\dfrac{8}{11} \times \dfrac{7}{16}$

26 $\dfrac{4}{15} \times \dfrac{9}{16}$

27 $\dfrac{17}{20} \times \dfrac{15}{16}$

28 $\dfrac{5}{36} \times \dfrac{3}{20}$

6 (진분수) × (진분수)(3)

⏰ □ 안에 알맞은 수를 써넣으시오. (1~14)

1 $\dfrac{3}{5} \times \dfrac{3}{4} = \dfrac{\square}{\square}$

2 $\dfrac{2}{3} \times \dfrac{2}{3} = \dfrac{\square}{\square}$

3 $\dfrac{5}{6} \times \dfrac{5}{7} = \dfrac{\square}{\square}$

4 $\dfrac{7}{8} \times \dfrac{9}{10} = \dfrac{\square}{\square}$

5 $\dfrac{\overset{\square}{2}}{5} \times \dfrac{3}{8} = \dfrac{\square}{\square}$

6 $\dfrac{5}{8} \times \dfrac{\overset{\square}{4}}{9} = \dfrac{\square}{\square}$

7 $\dfrac{\overset{\square}{6}}{7} \times \dfrac{3}{4} = \dfrac{\square}{\square}$

8 $\dfrac{7}{10} \times \dfrac{\overset{\square}{14}}{15} = \dfrac{\square}{\square}$

9 $\dfrac{\overset{\square}{12}}{13} \times \dfrac{5}{6} = \dfrac{\square}{\square}$

10 $\dfrac{9}{14} \times \dfrac{\overset{\square}{7}}{8} = \dfrac{\square}{\square}$

11 $\dfrac{\overset{\square}{11}}{12} \times \dfrac{\overset{\square}{9}}{11} = \dfrac{\square}{\square}$

12 $\dfrac{\overset{\square}{5}}{6} \times \dfrac{\overset{\square}{2}}{15} = \dfrac{\square}{\square}$

13 $\dfrac{\overset{\square}{15}}{28} \times \dfrac{\overset{\square}{7}}{10} = \dfrac{\square}{\square}$

14 $\dfrac{\overset{\square}{16}}{25} \times \dfrac{\overset{\square}{5}}{12} = \dfrac{\square}{\square}$

🕐 **계산을 하시오. (15 ~ 30)**

15 $\dfrac{4}{5} \times \dfrac{3}{8}$

16 $\dfrac{7}{10} \times \dfrac{5}{9}$

17 $\dfrac{8}{11} \times \dfrac{5}{6}$

18 $\dfrac{3}{14} \times \dfrac{7}{9}$

19 $\dfrac{3}{4} \times \dfrac{8}{15}$

20 $\dfrac{2}{5} \times \dfrac{3}{10}$

21 $\dfrac{3}{8} \times \dfrac{2}{3}$

22 $\dfrac{4}{9} \times \dfrac{3}{8}$

23 $\dfrac{2}{15} \times \dfrac{5}{18}$

24 $\dfrac{5}{9} \times \dfrac{3}{20}$

25 $\dfrac{7}{12} \times \dfrac{8}{21}$

26 $\dfrac{13}{24} \times \dfrac{9}{26}$

27 $\dfrac{2}{15} \times \dfrac{11}{12}$

28 $\dfrac{28}{45} \times \dfrac{27}{35}$

29 $\dfrac{9}{42} \times \dfrac{14}{27}$

30 $\dfrac{21}{38} \times \dfrac{19}{56}$

⏰ 빈 곳에 알맞은 수를 써넣으시오. (1 ~ 10)

1 ×→

| $\dfrac{2}{3}$ | $\dfrac{4}{5}$ | |

2 ×→

| $\dfrac{5}{6}$ | $\dfrac{3}{7}$ | |

3 ×→

| $\dfrac{3}{5}$ | $\dfrac{5}{9}$ | |

4 ×→

| $\dfrac{6}{7}$ | $\dfrac{3}{4}$ | |

5 ×→

| $\dfrac{9}{10}$ | $\dfrac{8}{11}$ | |

6 ×→

| $\dfrac{4}{15}$ | $\dfrac{5}{12}$ | |

7 ×→

| $\dfrac{11}{13}$ | $\dfrac{7}{22}$ | |

8 ×→

| $\dfrac{15}{17}$ | $\dfrac{3}{10}$ | |

9 ×→

| $\dfrac{18}{19}$ | $\dfrac{4}{27}$ | |

10 ×→

| $\dfrac{17}{24}$ | $\dfrac{15}{34}$ | |

계산은 빠르고 정확하게!

걸린 시간	1~6분	6~9분	9~12분
맞은 개수	17~18개	13~16개	1~12개
평가	참 잘했어요.	잘했어요.	좀더 노력해요.

□ 안에 알맞은 수를 써넣으시오. (11 ~ 18)

11
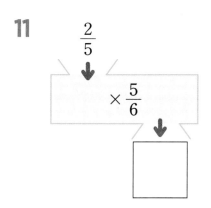

$\dfrac{2}{5}$

$\times \dfrac{5}{6}$

12
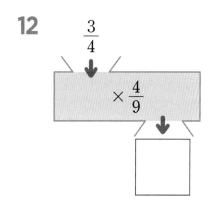

$\dfrac{3}{4}$

$\times \dfrac{4}{9}$

13
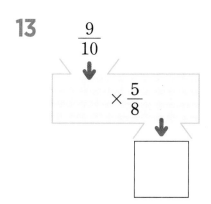

$\dfrac{9}{10}$

$\times \dfrac{5}{8}$

14
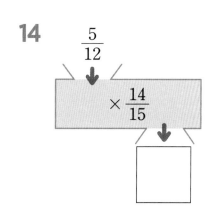

$\dfrac{5}{12}$

$\times \dfrac{14}{15}$

15
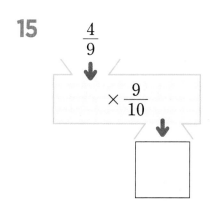

$\dfrac{4}{9}$

$\times \dfrac{9}{10}$

16
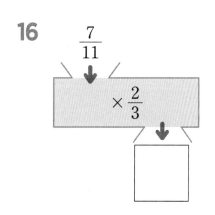

$\dfrac{7}{11}$

$\times \dfrac{2}{3}$

17
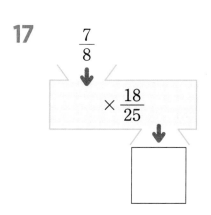

$\dfrac{7}{8}$

$\times \dfrac{18}{25}$

18
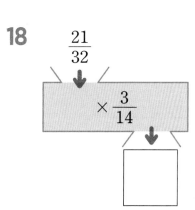

$\dfrac{21}{32}$

$\times \dfrac{3}{14}$

7 (대분수) × (대분수) (1)

방법 ① 대분수를 가분수로 고쳐서 계산한 후 약분을 합니다.

$$2\frac{1}{4} \times 1\frac{2}{3} = \frac{9}{4} \times \frac{5}{3} = \frac{\overset{15}{\cancel{45}}}{\underset{4}{\cancel{12}}} = \frac{15}{4} = 3\frac{3}{4}$$

방법 ② 대분수를 가분수로 고쳐서 약분한 후 계산합니다.

$$2\frac{1}{4} \times 1\frac{2}{3} = \frac{\overset{3}{\cancel{9}}}{4} \times \frac{5}{\underset{1}{\cancel{3}}} = \frac{15}{4} = 3\frac{3}{4}$$

⏰ □ 안에 알맞은 수를 써넣으시오. (1~4)

1 $1\frac{2}{3} \times 2\frac{2}{5} = \dfrac{\square}{3} \times \dfrac{\square}{5} = \dfrac{\square \times \square}{3 \times 5} = \dfrac{\square}{15} = \square$

2 $1\frac{4}{5} \times 1\frac{1}{6} = \dfrac{\square}{5} \times \dfrac{\square}{6} = \dfrac{\square \times \square}{5 \times 6} = \dfrac{\square}{30} = \dfrac{\square}{10} = \square$

3 $2\frac{1}{4} \times 1\frac{5}{6} = \dfrac{\square}{4} \times \dfrac{\square}{6} = \dfrac{\square \times \square}{4 \times 6} = \dfrac{\square}{24} = \dfrac{\square}{8} = \square$

4 $2\frac{1}{7} \times 1\frac{4}{5} = \dfrac{\square}{7} \times \dfrac{\square}{5} = \dfrac{\square \times \square}{7 \times 5} = \dfrac{\square}{35} = \dfrac{\square}{7} = \square$

⏰ 계산을 하시오. (5 ~ 20)

5 $1\dfrac{2}{5} \times 2\dfrac{3}{4}$

6 $2\dfrac{1}{4} \times 2\dfrac{4}{9}$

7 $3\dfrac{1}{3} \times 2\dfrac{1}{2}$

8 $2\dfrac{3}{4} \times 4\dfrac{2}{3}$

9 $1\dfrac{5}{6} \times 2\dfrac{1}{4}$

10 $1\dfrac{2}{3} \times 3\dfrac{3}{4}$

11 $4\dfrac{1}{2} \times 1\dfrac{2}{7}$

12 $3\dfrac{1}{3} \times 1\dfrac{2}{5}$

13 $2\dfrac{3}{5} \times 2\dfrac{3}{5}$

14 $2\dfrac{1}{2} \times 2\dfrac{4}{15}$

15 $1\dfrac{3}{4} \times 3\dfrac{3}{5}$

16 $4\dfrac{2}{5} \times 2\dfrac{1}{2}$

17 $2\dfrac{2}{9} \times 1\dfrac{5}{8}$

18 $1\dfrac{3}{7} \times 5\dfrac{1}{4}$

19 $4\dfrac{1}{8} \times 2\dfrac{2}{11}$

20 $2\dfrac{1}{6} \times 1\dfrac{1}{3}$

7 (대분수) × (대분수) (2)

⏰ □ 안에 알맞은 수를 써넣으시오. (1~10)

1 $1\dfrac{3}{4} \times 1\dfrac{4}{5} = \dfrac{\square}{4} \times \dfrac{\square}{5} = \dfrac{\square}{20}$

$= \boxed{}$

2 $1\dfrac{1}{2} \times 2\dfrac{2}{3} = \dfrac{\square}{2} \times \dfrac{\square}{3} = \dfrac{\square}{6}$

$= \boxed{}$

3 $1\dfrac{2}{3} \times 1\dfrac{1}{6} = \dfrac{\square}{3} \times \dfrac{\square}{6} = \dfrac{\square}{18}$

$= \boxed{}$

4 $3\dfrac{1}{2} \times 1\dfrac{3}{5} = \dfrac{\square}{\cancel{2}} \times \dfrac{8}{5} = \dfrac{\square}{5}$

$= \boxed{}$

5 $2\dfrac{2}{3} \times 1\dfrac{1}{4} = \dfrac{\cancel{8}^{\square}}{3} \times \dfrac{\square}{\cancel{4}_{\square}} = \dfrac{\square}{\square}$

$= \boxed{}$

6 $3\dfrac{3}{4} \times 2\dfrac{3}{5} = \dfrac{15}{4} \times \dfrac{\square}{\cancel{5}_{\square}} = \dfrac{\square}{\square}$

$= \boxed{}$

7 $1\dfrac{5}{6} \times 5\dfrac{1}{4} = \dfrac{\square}{\cancel{6}_{\square}} \times \dfrac{21}{4} = \dfrac{\square}{\square}$

$= \boxed{}$

8 $3\dfrac{1}{3} \times 2\dfrac{1}{2} = \dfrac{10}{3} \times \dfrac{\square}{\cancel{2}_{\square}} = \dfrac{\square}{\square}$

$= \boxed{}$

9 $1\dfrac{5}{8} \times 2\dfrac{2}{9} = \dfrac{\square}{\cancel{8}_{\square}} \times \dfrac{20}{9} = \dfrac{\square}{\square}$

$= \boxed{}$

10 $4\dfrac{1}{5} \times 2\dfrac{2}{7} = \dfrac{21}{5} \times \dfrac{\square}{\cancel{7}_{\square}} = \dfrac{\square}{\square}$

$= \boxed{}$

계산은 빠르고 정확하게!

걸린 시간	1~8분	8~12분	12~16분
맞은 개수	24~26개	19~23개	1~18개
평가	참 잘했어요.	잘했어요.	좀더 노력해요.

🕐 계산을 하시오. (11 ~ 26)

11 $1\dfrac{4}{5} \times 2\dfrac{2}{3}$

12 $5\dfrac{3}{4} \times 2\dfrac{2}{5}$

13 $3\dfrac{2}{3} \times 2\dfrac{1}{4}$

14 $5\dfrac{1}{4} \times 1\dfrac{3}{7}$

15 $2\dfrac{2}{5} \times 1\dfrac{3}{7}$

16 $2\dfrac{1}{3} \times 1\dfrac{1}{4}$

17 $2\dfrac{2}{3} \times 1\dfrac{5}{8}$

18 $2\dfrac{7}{10} \times 1\dfrac{1}{4}$

19 $5\dfrac{3}{4} \times 1\dfrac{2}{5}$

20 $2\dfrac{4}{5} \times 1\dfrac{3}{7}$

21 $6\dfrac{1}{4} \times 5\dfrac{3}{5}$

22 $2\dfrac{1}{5} \times 2\dfrac{8}{11}$

23 $2\dfrac{3}{8} \times 2\dfrac{2}{5}$

24 $4\dfrac{2}{3} \times 1\dfrac{13}{14}$

25 $5\dfrac{1}{3} \times 2\dfrac{5}{8}$

26 $2\dfrac{5}{7} \times 4\dfrac{2}{3}$

⏰ 빈 곳에 알맞은 수를 써넣으시오. (1~10)

1 ⊗→

| $3\frac{3}{4}$ | $2\frac{1}{5}$ | |

2 ⊗→

| $1\frac{2}{7}$ | $2\frac{4}{9}$ | |

3 ⊗→

| $3\frac{1}{5}$ | $2\frac{1}{8}$ | |

4 ⊗→

| $2\frac{3}{4}$ | $1\frac{1}{9}$ | |

5 ⊗→

| $2\frac{3}{8}$ | $2\frac{2}{7}$ | |

6 ⊗→

| $1\frac{3}{5}$ | $1\frac{5}{12}$ | |

7 ⊗→

| $4\frac{4}{5}$ | $1\frac{3}{8}$ | |

8 ⊗→

| $3\frac{1}{9}$ | $2\frac{4}{7}$ | |

9 ⊗→

| $1\frac{3}{4}$ | $1\frac{1}{11}$ | |

10 ⊗→

| $1\frac{5}{18}$ | $1\frac{7}{8}$ | |

계산은 빠르고 정확하게!

걸린 시간	1~6분	6~9분	9~12분
맞은 개수	17~18개	13~16개	1~12개
평가	참 잘했어요.	잘했어요.	좀더 노력해요.

⏰ □ 안에 알맞은 수를 써넣으시오. (11 ~ 18)

11
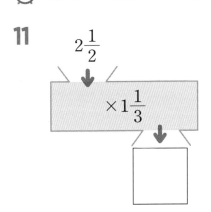

12
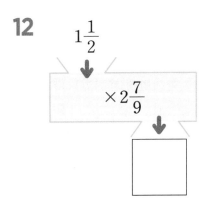

13
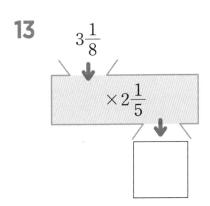

14
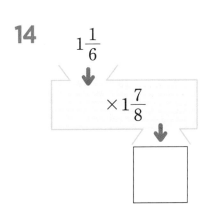

15
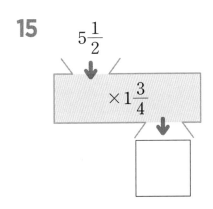

16
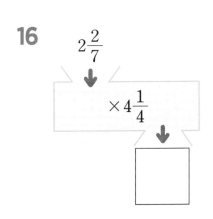

17
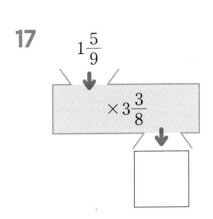

18
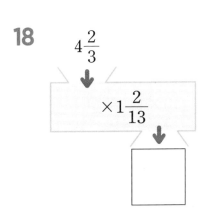

8 세 분수의 곱셈(1)

학습 날짜
월
일

방법 ① 두 분수씩 차례로 계산합니다.

$$\frac{3}{4} \times \frac{2}{5} \times 1\frac{1}{7} = \left(\frac{3}{4} \times \frac{2}{5}\right) \times 1\frac{1}{7} = \frac{3}{10} \times \frac{8}{7} = \frac{12}{35}$$

방법 ② 세 분수를 한꺼번에 계산합니다.

$$\frac{3}{4} \times \frac{2}{5} \times 1\frac{1}{7} = \frac{3}{4} \times \frac{2}{5} \times \frac{8}{7} = \frac{12}{35}$$

⏰ □ 안에 알맞은 수를 써넣으시오. (1~4)

1 $\dfrac{4}{5} \times \dfrac{1}{6} \times \dfrac{2}{3} = \left(\dfrac{4}{5} \times \dfrac{1}{6}\right) \times \dfrac{2}{3} = \dfrac{\square}{\square} \times \dfrac{2}{3} = \boxed{}$

2 $\dfrac{6}{7} \times \dfrac{1}{3} \times \dfrac{3}{5} = \left(\dfrac{6}{7} \times \dfrac{1}{3}\right) \times \dfrac{3}{5} = \dfrac{\square}{\square} \times \dfrac{3}{5} = \boxed{}$

3 $\dfrac{4}{5} \times \dfrac{1}{9} \times \dfrac{7}{8} = \dfrac{4 \times 1 \times 7}{5 \times 9 \times 8} = \boxed{}$

4 $\dfrac{3}{4} \times \dfrac{1}{5} \times \dfrac{8}{9} = \dfrac{3 \times 1 \times 8}{4 \times 5 \times 9} = \boxed{}$

⏰ 계산을 하시오. (5 ~ 20)

5 $\dfrac{1}{5} \times \dfrac{1}{4} \times \dfrac{1}{2}$

6 $\dfrac{7}{8} \times \dfrac{4}{5} \times \dfrac{1}{2}$

7 $\dfrac{6}{7} \times \dfrac{2}{3} \times \dfrac{1}{4}$

8 $\dfrac{3}{5} \times \dfrac{1}{6} \times \dfrac{2}{7}$

9 $\dfrac{5}{8} \times \dfrac{3}{4} \times \dfrac{4}{7}$

10 $\dfrac{3}{4} \times \dfrac{1}{6} \times \dfrac{3}{5}$

11 $\dfrac{3}{10} \times \dfrac{3}{4} \times \dfrac{5}{9}$

12 $\dfrac{8}{9} \times \dfrac{2}{3} \times \dfrac{3}{4}$

13 $\dfrac{5}{7} \times \dfrac{3}{8} \times \dfrac{2}{5}$

14 $\dfrac{7}{15} \times \dfrac{4}{5} \times \dfrac{3}{8}$

15 $\dfrac{7}{9} \times \dfrac{8}{21} \times \dfrac{1}{6}$

16 $\dfrac{9}{10} \times \dfrac{5}{12} \times \dfrac{2}{3}$

17 $\dfrac{5}{8} \times \dfrac{1}{4} \times \dfrac{3}{10}$

18 $\dfrac{4}{9} \times \dfrac{3}{14} \times \dfrac{3}{4}$

19 $\dfrac{5}{9} \times \dfrac{6}{7} \times \dfrac{9}{10}$

20 $\dfrac{5}{12} \times \dfrac{3}{4} \times \dfrac{2}{5}$

8 세 분수의 곱셈(2)

🕐 □ 안에 알맞은 수를 써넣으시오. (1~7)

1 $1\dfrac{1}{4} \times \dfrac{2}{7} \times \dfrac{1}{2} = \left(\dfrac{\square}{\cancel{4}_{\square}} \times \dfrac{\cancel{2}^{\square}}{7}\right) \times \dfrac{1}{2} = \dfrac{\square}{\square} \times \dfrac{1}{2} = \boxed{}$

2 $2\dfrac{1}{3} \times \dfrac{3}{5} \times \dfrac{1}{4} = \left(\dfrac{\square}{\cancel{3}_{\square}} \times \dfrac{\cancel{3}^{\square}}{5}\right) \times \dfrac{1}{4} = \dfrac{\square}{\square} \times \dfrac{1}{4} = \boxed{}$

3 $\dfrac{4}{5} \times 3\dfrac{1}{2} \times \dfrac{2}{9} = \left(\dfrac{\cancel{4}^{\square}}{5} \times \dfrac{\square}{\cancel{2}_{\square}}\right) \times \dfrac{2}{9} = \dfrac{\square}{\square} \times \dfrac{2}{9} = \boxed{}$

4 $\dfrac{5}{6} \times \dfrac{7}{10} \times 1\dfrac{3}{8} = \left(\dfrac{\cancel{5}^{\square}}{6} \times \dfrac{7}{\cancel{10}_{\square}}\right) \times 1\dfrac{3}{8} = \dfrac{\square}{\square} \times \dfrac{\square}{8} = \boxed{}$

5 $\dfrac{5}{7} \times 2\dfrac{1}{4} \times \dfrac{2}{9} = \dfrac{5}{7} \times \dfrac{\cancel{9}^{\square}}{\cancel{4}_{\square}} \times \dfrac{\cancel{2}^{\square}}{\cancel{9}_{\square}} = \boxed{}$

6 $1\dfrac{2}{5} \times \dfrac{3}{4} \times \dfrac{1}{6} = \dfrac{\square}{5} \times \dfrac{\cancel{3}^{\square}}{4} \times \dfrac{1}{\cancel{6}_{\square}} = \boxed{}$

7 $\dfrac{7}{9} \times \dfrac{3}{4} \times 2\dfrac{1}{5} = \dfrac{7}{9} \times \dfrac{\cancel{3}^{\square}}{4} \times \dfrac{\square}{5} = \dfrac{\square}{60} = \boxed{}$

⏰ 계산을 하시오. (8 ~ 21)

8 $1\frac{3}{4} \times \frac{1}{3} \times \frac{9}{14}$

9 $1\frac{2}{3} \times \frac{7}{10} \times \frac{6}{11}$

10 $2\frac{1}{5} \times \frac{3}{4} \times \frac{5}{7}$

11 $\frac{1}{4} \times \frac{2}{7} \times 2\frac{5}{8}$

12 $1\frac{2}{3} \times 2\frac{1}{5} \times \frac{3}{4}$

13 $2\frac{3}{4} \times 3\frac{1}{3} \times \frac{9}{10}$

14 $3\frac{6}{7} \times \frac{3}{13} \times 4\frac{2}{3}$

15 $4\frac{1}{5} \times 1\frac{1}{6} \times \frac{4}{9}$

16 $\frac{1}{6} \times 1\frac{1}{5} \times 3\frac{3}{10}$

17 $1\frac{3}{4} \times \frac{2}{7} \times 1\frac{1}{5}$

18 $1\frac{7}{8} \times \frac{3}{10} \times 1\frac{3}{5}$

19 $2\frac{3}{4} \times 3\frac{1}{5} \times \frac{5}{8}$

20 $1\frac{2}{3} \times 2\frac{3}{5} \times 1\frac{1}{4}$

21 $1\frac{1}{7} \times 1\frac{3}{4} \times 8\frac{1}{6}$

8 세 분수의 곱셈(3)

⏰ 빈 곳에 알맞은 수를 써넣으시오. (1~8)

1
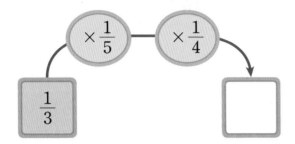

2
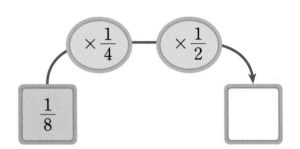

3
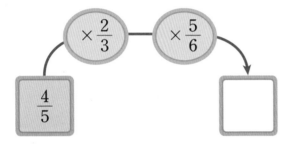

4
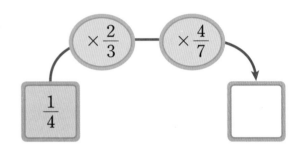

5
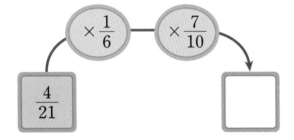

6
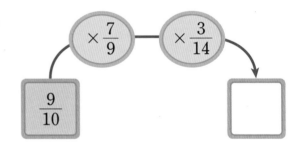

7
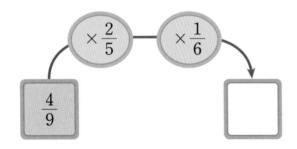

8
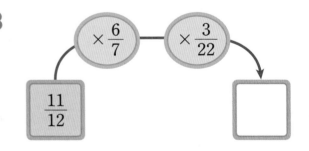

빈 곳에 알맞은 수를 써넣으시오. (9 ~ 16)

9
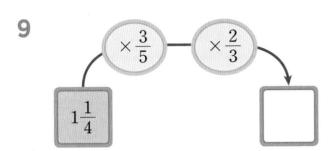

10
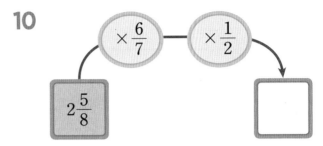

11
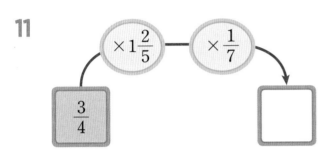

12
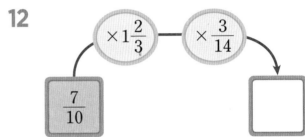

13
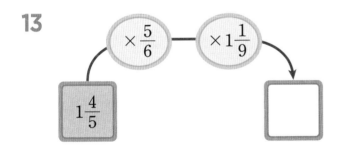

14
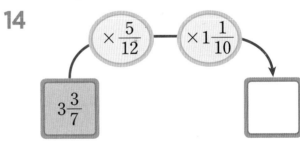

15
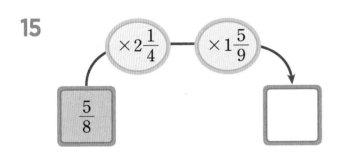

16
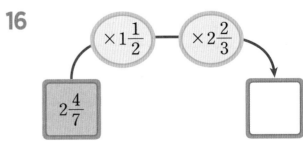

신기한 연산

보기 의 계산 방법을 이용하여 다음을 계산하시오. (1~3)

보기

$$\frac{1}{2} \times \frac{1}{3} \times \frac{1}{4} = \left(\frac{1}{2 \times 3} - \frac{1}{3 \times 4} \right) \times \frac{1}{2}$$

1

$$\frac{1}{2} \times \frac{1}{3} \times \frac{1}{4} + \frac{1}{3} \times \frac{1}{4} \times \frac{1}{5}$$

$$= \left(\frac{1}{2 \times \square} - \frac{1}{3 \times \square} \right) \times \frac{1}{2} + \left(\frac{1}{3 \times \square} - \frac{1}{4 \times \square} \right) \times \frac{1}{2}$$

$$= \left(\frac{1}{2 \times \square} - \frac{1}{3 \times \square} + \frac{1}{3 \times \square} - \frac{1}{4 \times \square} \right) \times \frac{1}{2}$$

$$= \left(\frac{1}{\square} - \frac{1}{\square} \right) \times \frac{1}{2} = \boxed{}$$

2

$$\frac{1}{4} \times \frac{1}{5} \times \frac{1}{6} + \frac{1}{5} \times \frac{1}{6} \times \frac{1}{7}$$

3

$$\frac{1}{5} \times \frac{1}{6} \times \frac{1}{7} + \frac{1}{6} \times \frac{1}{7} \times \frac{1}{8} + \frac{1}{7} \times \frac{1}{8} \times \frac{1}{9}$$

5장의 숫자 카드 중 3장을 뽑아 대분수를 만들려고 합니다. 만들 수 있는 가장 큰 대분수와 가장 작은 대분수를 찾아 그 곱을 구하시오. **(4 ~ 5)**

4

$$\square \frac{\square}{\square} \times \square \frac{\square}{\square} = \boxed{}$$

5

$$\square \frac{\square}{\square} \times \square \frac{\square}{\square} = \boxed{}$$

 규칙을 찾아 계산을 하시오. **(6 ~ 7)**

6

$$1\frac{1}{2} \times 1\frac{1}{3} \times 1\frac{1}{4} \times \cdots \times 1\frac{1}{10}$$

(   )

7

$$1\frac{2}{7} \times 1\frac{2}{9} \times 1\frac{2}{11} \times \cdots \times 1\frac{2}{21}$$

(   )

확인 평가

⏰ □ 안에 알맞은 수를 써넣으시오. (1~4)

1 $\dfrac{4}{5} \times 10 = \dfrac{\square}{\square} = \square$

2 $\dfrac{\square}{8} \times \dfrac{5}{6} = \dfrac{\square}{\square} = \square$

3 $1\dfrac{2}{9} \times 6 = \dfrac{\square}{9} \times 6 = \dfrac{\square}{\square} = \square$

4 $4 \times 1\dfrac{1}{6} = 4 \times \dfrac{\square}{6} = \dfrac{\square}{\square} = \square$

⏰ 계산을 하시오. (5~14)

5 $\dfrac{7}{8} \times 2$

6 $4 \times \dfrac{7}{10}$

7 $\dfrac{9}{10} \times 3$

8 $12 \times \dfrac{3}{8}$

9 $1\dfrac{2}{3} \times 2$

10 $3 \times 2\dfrac{1}{2}$

11 $2\dfrac{4}{5} \times 10$

12 $7 \times 2\dfrac{3}{14}$

13 $1\dfrac{5}{9} \times 12$

14 $18 \times 1\dfrac{1}{12}$

 □ 안에 알맞은 수를 써넣으시오. (15 ~ 18)

15 $\dfrac{1}{5} \times \dfrac{1}{9} = \dfrac{1}{\boxed{} \times \boxed{}} = \dfrac{1}{\boxed{}}$

16 $\dfrac{2}{3} \times \dfrac{1}{7} = \dfrac{2}{\boxed{} \times \boxed{}} = \dfrac{2}{\boxed{}}$

17 $\dfrac{\boxed{}}{\overset{4}{\cancel{5}}} \times \dfrac{3}{\underset{\boxed{}}{8}} = \boxed{}$

18 $\dfrac{\overset{\boxed{}}{7}}{\underset{\boxed{}}{9}} \times \dfrac{6}{11} = \boxed{}$

계산을 하시오. (19 ~ 28)

19 $\dfrac{1}{8} \times \dfrac{1}{11}$

20 $\dfrac{1}{12} \times \dfrac{1}{5}$

21 $\dfrac{6}{7} \times \dfrac{1}{7}$

22 $\dfrac{1}{8} \times \dfrac{5}{9}$

23 $\dfrac{4}{5} \times \dfrac{5}{6}$

24 $\dfrac{8}{9} \times \dfrac{7}{10}$

25 $\dfrac{7}{12} \times \dfrac{5}{14}$

26 $\dfrac{17}{20} \times \dfrac{15}{16}$

27 $\dfrac{5}{18} \times \dfrac{14}{15}$

28 $\dfrac{9}{28} \times \dfrac{7}{18}$

⏰ □ 안에 알맞은 수를 써넣으시오. (29 ~ 30)

29 $1\dfrac{4}{5} \times 2\dfrac{1}{3} = \dfrac{9}{5} \times \dfrac{\boxed{}}{\underset{\boxed{}}{\cancel{3}}} = \dfrac{\boxed{}}{5} = \boxed{}$

30 $4\dfrac{1}{6} \times \dfrac{3}{7} \times \dfrac{1}{2} = \left(\dfrac{\boxed{}}{\underset{\boxed{}}{6}} \times \dfrac{\overset{\boxed{}}{3}}{7}\right) \times \dfrac{1}{2} = \dfrac{\boxed{}}{\boxed{}} \times \dfrac{1}{2} = \boxed{}$

⏰ 계산을 하시오. (31 ~ 40)

31 $1\dfrac{1}{5} \times 2\dfrac{3}{4}$

32 $5\dfrac{1}{7} \times 2\dfrac{5}{6}$

33 $3\dfrac{7}{10} \times 1\dfrac{1}{9}$

34 $1\dfrac{4}{5} \times 3\dfrac{1}{3}$

35 $5\dfrac{1}{10} \times 1\dfrac{2}{3}$

36 $3\dfrac{7}{9} \times 2\dfrac{4}{7}$

37 $\dfrac{4}{9} \times \dfrac{3}{8} \times \dfrac{1}{10}$

38 $\dfrac{3}{4} \times \dfrac{6}{7} \times \dfrac{11}{12}$

39 $1\dfrac{1}{7} \times 1\dfrac{3}{4} \times \dfrac{2}{5}$

40 $5\dfrac{1}{3} \times 7\dfrac{1}{2} \times \dfrac{3}{5}$

3

소수의 곱셈

(1보다 작은 소수)×(자연수)(1)

방법 ① 덧셈식으로 고쳐서 계산합니다.

$0.4×3=0.4+0.4+0.4=1.2$

방법 ② 분수의 곱셈으로 고쳐서 계산합니다.

$0.4×3=\dfrac{4}{10}×3=\dfrac{12}{10}=1.2$

방법 ③ 자연수의 곱셈과 같이 계산한 후 소수점의 자리를 맞추어 찍습니다.

$$
\begin{array}{r} 0.4 \\ ×\quad 3 \\ \hline \end{array}
\Rightarrow
\begin{array}{r} 4 \\ ×\quad 3 \\ \hline 1\;2 \end{array}
\Rightarrow
\begin{array}{r} 0.4 \\ ×\quad 3 \\ \hline 1.2 \end{array}
$$

⏰ 수직선을 보고 □ 안에 알맞게 써넣으시오. (1~3)

1

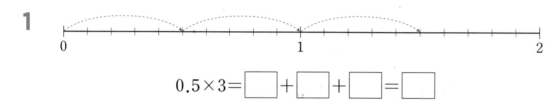

$0.5×3=\boxed{}+\boxed{}+\boxed{}=\boxed{}$

2

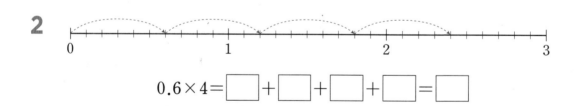

$0.6×4=\boxed{}+\boxed{}+\boxed{}+\boxed{}=\boxed{}$

3

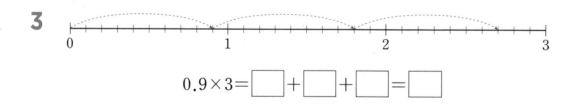

$0.9×3=\boxed{}+\boxed{}+\boxed{}=\boxed{}$

⏰ □ 안에 알맞은 수를 써넣으시오. (4 ~ 10)

4 0.4는 0.1이 □ 개이고, 0.4×7은 0.1이 □ ×7= □ (개)이므로

0.4×7= □ 입니다.

5 0.6은 0.1이 □ 개이고, 0.6×8은 0.1이 □ ×8= □ (개)이므로

0.6×8= □ 입니다.

6 0.9는 0.1이 □ 개이고, 0.9×12는 0.1이 □ ×12= □ (개)이므로

0.9×12= □ 입니다.

7 0.12는 0.01이 □ 개이고, 0.12×4는 0.01이 □ ×4= □ (개)이므로

0.12×4= □ 입니다.

8 0.37은 0.01이 □ 개이고, 0.37×5는 0.01이 □ ×5= □ (개)이므로

0.37×5= □ 입니다.

9 0.92는 0.01이 □ 개이고, 0.92×8은 0.01이 □ ×8= □ (개)이므로

0.92×8= □ 입니다.

10 0.29는 0.01이 □ 개이고, 0.29×15는 0.01이 □ ×15= □ (개)이므로

0.29×15= □ 입니다.

(1보다 작은 소수) × (자연수) (2)

⏰ □ 안에 알맞은 수를 써넣으시오. (1~7)

1 $0.3 \times 6 = \dfrac{\boxed{}}{10} \times 6 = \dfrac{\boxed{} \times 6}{10} = \dfrac{\boxed{}}{10} = \boxed{}$

2 $0.7 \times 8 = \dfrac{\boxed{}}{10} \times 8 = \dfrac{\boxed{} \times 8}{10} = \dfrac{\boxed{}}{10} = \boxed{}$

3 $0.9 \times 4 = \dfrac{\boxed{}}{10} \times 4 = \dfrac{\boxed{} \times 4}{10} = \dfrac{\boxed{}}{10} = \boxed{}$

4 $0.8 \times 9 = \dfrac{\boxed{}}{10} \times 9 = \dfrac{\boxed{} \times 9}{10} = \dfrac{\boxed{}}{10} = \boxed{}$

5 $0.14 \times 6 = \dfrac{\boxed{}}{100} \times 6 = \dfrac{\boxed{} \times 6}{100} = \dfrac{\boxed{}}{100} = \boxed{}$

6 $0.25 \times 7 = \dfrac{\boxed{}}{100} \times 7 = \dfrac{\boxed{} \times 7}{100} = \dfrac{\boxed{}}{100} = \boxed{}$

7 $0.56 \times 9 = \dfrac{\boxed{}}{100} \times 9 = \dfrac{\boxed{} \times 9}{100} = \dfrac{\boxed{}}{100} = \boxed{}$

계산은 빠르고 정확하게!

⏰ 계산을 하시오. (8~25)

8 0.2×8

9 0.4×7

10 0.6×9

11 0.7×7

12 0.5×13

13 0.3×25

14 0.9×11

15 0.8×32

16 0.26×7

17 0.48×4

18 0.81×9

19 0.73×5

20 0.56×12

21 0.91×13

22 0.48×23

23 0.62×14

24 0.32×18

25 0.73×25

1 (1보다 작은 소수)×(자연수)(3)

⏰ □ 안에 알맞은 수를 써넣으시오. (1~6)

1

	0	.	4
×			6

➡

		4
×		6

➡

	0	.	4
×			6

2

	0	.	8
×			7

➡

		8
×		7

➡

	0	.	8
×			7

3

	0	.	1	2
×				6

➡

		1	2
×			6

➡

	0	.	1	2
×				6

4

	0	.	5	8
×				7

➡

		5	8
×			7

➡

	0	.	5	8
×				7

5

	0	.	9	2
×			1	7

➡

		9	2
×		1	7

➡

	0	.	9	2
×			1	7

계산은 빠르고 정확하게!

걸린 시간	1~8분	8~12분	12~16분
맞은 개수	21~23개	17~20개	1~16개
평가	참 잘했어요.	잘했어요.	좀더 노력해요.

⏰ 계산을 하시오. (6 ~ 23)

6
$$\begin{array}{r} 0.3 \\ \times\quad 5 \\ \hline \end{array}$$

7
$$\begin{array}{r} 0.8 \\ \times\quad 8 \\ \hline \end{array}$$

8
$$\begin{array}{r} 0.5 \\ \times\quad 9 \\ \hline \end{array}$$

9
$$\begin{array}{r} 0.6 \\ \times\quad 1\,4 \\ \hline \end{array}$$

10
$$\begin{array}{r} 0.4 \\ \times\quad 2\,1 \\ \hline \end{array}$$

11
$$\begin{array}{r} 0.7 \\ \times\quad 3\,2 \\ \hline \end{array}$$

12
$$\begin{array}{r} 0.1\,2 \\ \times\quad 8 \\ \hline \end{array}$$

13
$$\begin{array}{r} 0.4\,6 \\ \times\quad 7 \\ \hline \end{array}$$

14
$$\begin{array}{r} 0.5\,4 \\ \times\quad 6 \\ \hline \end{array}$$

15
$$\begin{array}{r} 0.3\,6 \\ \times\quad 4 \\ \hline \end{array}$$

16
$$\begin{array}{r} 0.8\,8 \\ \times\quad 3 \\ \hline \end{array}$$

17
$$\begin{array}{r} 0.4\,9 \\ \times\quad 8 \\ \hline \end{array}$$

18
$$\begin{array}{r} 0.2\,4 \\ \times\quad 1\,2 \\ \hline \end{array}$$

19
$$\begin{array}{r} 0.1\,3 \\ \times\quad 2\,5 \\ \hline \end{array}$$

20
$$\begin{array}{r} 0.4\,2 \\ \times\quad 3\,6 \\ \hline \end{array}$$

21
$$\begin{array}{r} 0.1\,6 \\ \times\quad 3\,1 \\ \hline \end{array}$$

22
$$\begin{array}{r} 0.2\,7 \\ \times\quad 1\,4 \\ \hline \end{array}$$

23
$$\begin{array}{r} 0.5\,2 \\ \times\quad 1\,5 \\ \hline \end{array}$$

⏰ 빈 곳에 알맞은 수를 써넣으시오. (1~12)

1 0.2 — $×9$ → ☐

2 0.8 — $×7$ → ☐

3 0.9 — $×15$ → ☐

4 0.7 — $×18$ → ☐

5 0.25 — $×5$ → ☐

6 0.18 — $×7$ → ☐

7 0.32 — $×9$ → ☐

8 0.58 — $×4$ → ☐

9 0.62 — $×13$ → ☐

10 0.49 — $×15$ → ☐

11 0.25 — $×11$ → ☐

12 0.72 — $×14$ → ☐

□ 안에 알맞은 수를 써넣으시오. (13 ~ 20)

13
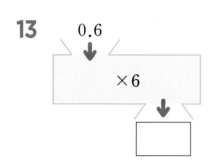
0.6 → ×6 →

14
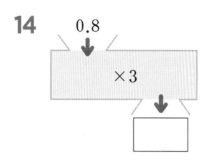
0.8 → ×3 →

15
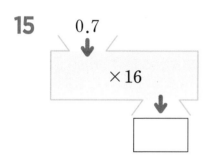
0.7 → ×16 →

16
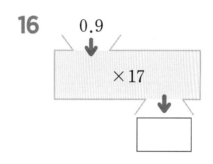
0.9 → ×17 →

17
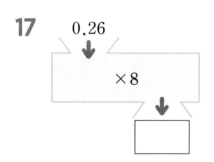
0.26 → ×8 →

18
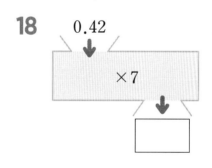
0.42 → ×7 →

19
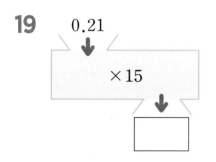
0.21 → ×15 →

20
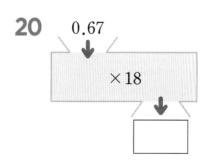
0.67 → ×18 →

2 (1보다 큰 소수)×(자연수)(1)

방법 ① 덧셈식으로 고쳐서 계산합니다.

$$1.2 \times 3 = 1.2 + 1.2 + 1.2 = 3.6$$

방법 ② 분수의 곱셈으로 고쳐서 계산합니다.

$$1.2 \times 3 = \frac{12}{10} \times 3 = \frac{36}{10} = 3.6$$

방법 ③ 자연수의 곱셈과 같이 계산한 후 소수점의 자리를 맞추어 찍습니다.

$$
\begin{array}{r} 1.2 \\ \times\ 3 \\ \hline \end{array}
\quad\Rightarrow\quad
\begin{array}{r} 12 \\ \times\ 3 \\ \hline 36 \end{array}
\quad\Rightarrow\quad
\begin{array}{r} 1.2 \\ \times\ 3 \\ \hline 3.6 \end{array}
$$

⏰ 수직선을 보고 ☐ 안에 알맞은 수를 써넣으시오. (1~3)

1

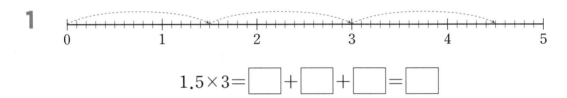

$$1.5 \times 3 = \boxed{} + \boxed{} + \boxed{} = \boxed{}$$

2

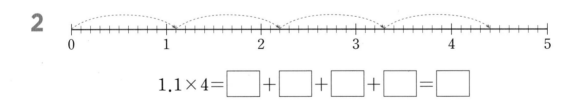

$$1.1 \times 4 = \boxed{} + \boxed{} + \boxed{} + \boxed{} = \boxed{}$$

3

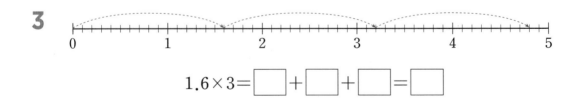

$$1.6 \times 3 = \boxed{} + \boxed{} + \boxed{} = \boxed{}$$

⏰ □ 안에 알맞은 수를 써넣으시오. (4~10)

4 1.3은 0.1이 □ 개이고, 1.3×4는 0.1이 □ ×4= □ (개)이므로

1.3×4= □ 입니다.

5 1.5는 0.1이 □ 개이고, 1.5×5는 0.1이 □ ×5= □ (개)이므로

1.5×5= □ 입니다.

6 1.8은 0.1이 □ 개이고, 1.8×3은 0.1이 □ ×3= □ (개)이므로

1.8×3= □ 입니다.

7 1.7은 0.1이 □ 개이고, 1.7×6은 0.1이 □ ×6= □ (개)이므로

1.7×6= □ 입니다.

8 1.25는 0.01이 □ 개이고, 1.25×3은 0.01이 □ ×3= □ (개)이므로

1.25×3= □ 입니다.

9 1.62는 0.01이 □ 개이고, 1.62×6은 0.01이 □ ×6= □ (개)이므로

1.62×6= □ 입니다.

10 1.87은 0.01이 □ 개이고, 1.87×5는 0.01이 □ ×5= □ (개)이므로

1.87×5= □ 입니다.

2 (1보다 큰 소수)×(자연수)(2)

⏰ □ 안에 알맞은 수를 써넣으시오. (1~7)

1 $1.6 \times 4 = \dfrac{\square}{10} \times 4 = \dfrac{\square \times 4}{10} = \dfrac{\square}{10} = \square$

2 $5.7 \times 3 = \dfrac{\square}{10} \times 3 = \dfrac{\square \times 3}{10} = \dfrac{\square}{10} = \square$

3 $6.2 \times 2 = \dfrac{\square}{10} \times 2 = \dfrac{\square \times 2}{10} = \dfrac{\square}{10} = \square$

4 $2.7 \times 8 = \dfrac{\square}{10} \times 8 = \dfrac{\square \times 8}{10} = \dfrac{\square}{10} = \square$

5 $1.23 \times 5 = \dfrac{\square}{100} \times 5 = \dfrac{\square \times 5}{100} = \dfrac{\square}{100} = \square$

6 $1.76 \times 4 = \dfrac{\square}{100} \times 4 = \dfrac{\square \times 4}{100} = \dfrac{\square}{100} = \square$

7 $2.65 \times 3 = \dfrac{\square}{100} \times 3 = \dfrac{\square \times 3}{100} = \dfrac{\square}{100} = \square$

⏰ 계산을 하시오. (8 ~ 25)

8 1.7×5

9 2.4×6

10 3.2×4

11 6.8×4

12 5.8×12

13 4.6×14

14 3.8×21

15 6.6×23

16 1.48×3

17 1.56×5

18 2.47×8

19 3.65×3

20 3.07×9

21 7.24×8

22 2.75×13

23 3.62×18

24 2.08×11

25 1.14×25

2 (1보다 큰 소수)×(자연수)(3)

⏰ □ 안에 알맞은 수를 써넣으시오. (1~5)

1

```
    2 . 4            2   4            2 . 4
×       3    ➡    ×       3    ➡    ×       3
                    □□              □□
```

2

```
    1 . 8            1   8            1 . 8
×       7    ➡    ×       7    ➡    ×       7
                    □□              □□
```

3

```
    3 . 4            3   4            3 . 4
×       8    ➡    ×       8    ➡    ×       8
                    □□              □□
```

4

```
    3 . 6 7          3   6   7        3 . 6 7
×         2  ➡    ×         2  ➡    ×         2
                    □□              □□
```

5

```
    4 . 0 8          4   0   8        4 . 0 8
×       1 2  ➡    ×       1 2  ➡    ×       1 2
                    □□              □□
                    □□              □□
                    □□              □□
```

⏰ **계산을 하시오. (6 ~ 23)**

6
$$\begin{array}{r} 1.8 \\ \times \quad 3 \\ \hline \end{array}$$

7
$$\begin{array}{r} 2.4 \\ \times \quad 4 \\ \hline \end{array}$$

8
$$\begin{array}{r} 3.5 \\ \times \quad 5 \\ \hline \end{array}$$

9
$$\begin{array}{r} 4.2 \\ \times \quad 7 \\ \hline \end{array}$$

10
$$\begin{array}{r} 5.6 \\ \times \quad 3 \\ \hline \end{array}$$

11
$$\begin{array}{r} 4.2 \\ \times \quad 1\,2 \\ \hline \end{array}$$

12
$$\begin{array}{r} 2.8 \\ \times \quad 1\,4 \\ \hline \end{array}$$

13
$$\begin{array}{r} 4.6 \\ \times \quad 2\,3 \\ \hline \end{array}$$

14
$$\begin{array}{r} 7.6 \\ \times \quad 1\,3 \\ \hline \end{array}$$

15
$$\begin{array}{r} 1.0\,8 \\ \times \quad 7 \\ \hline \end{array}$$

16
$$\begin{array}{r} 6.2\,4 \\ \times \quad 4 \\ \hline \end{array}$$

17
$$\begin{array}{r} 5.8\,7 \\ \times \quad 3 \\ \hline \end{array}$$

18
$$\begin{array}{r} 2.6\,1 \\ \times \quad 1\,5 \\ \hline \end{array}$$

19
$$\begin{array}{r} 1.7\,4 \\ \times \quad 3\,1 \\ \hline \end{array}$$

20
$$\begin{array}{r} 4.2\,6 \\ \times \quad 2\,4 \\ \hline \end{array}$$

21
$$\begin{array}{r} 1.2\,3 \\ \times \quad 2\,4 \\ \hline \end{array}$$

22
$$\begin{array}{r} 2.3\,7 \\ \times \quad 2\,2 \\ \hline \end{array}$$

23
$$\begin{array}{r} 3.1\,5 \\ \times \quad 1\,2 \\ \hline \end{array}$$

2 (1보다 큰 소수)×(자연수)(4)

학습 날짜

월   일

⏰ 빈 곳에 알맞은 수를 써넣으시오. (1~12)

1 1.4 → ×3 → ☐

2 1.7 → ×8 → ☐

3 3.2 → ×6 → ☐

4 2.9 → ×6 → ☐

5 2.6 → ×12 → ☐

6 3.8 → ×14 → ☐

7 1.08 → ×4 → ☐

8 2.14 → ×6 → ☐

9 2.72 → ×7 → ☐

10 3.61 → ×5 → ☐

11 4.82 → ×11 → ☐

12 1.23 → ×14 → ☐

계산은 빠르고 정확하게!

걸린 시간	1~6분	6~9분	9~12분
맞은 개수	18~20개	14~17개	1~13개
평가	참 잘했어요.	잘했어요.	좀더 노력해요.

□ 안에 알맞은 수를 써넣으시오. (13~20)

13
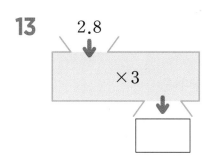
2.8 ×3

14
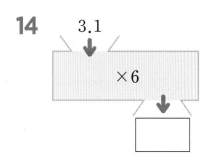
3.1 ×6

15
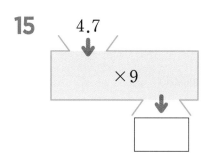
4.7 ×9

16
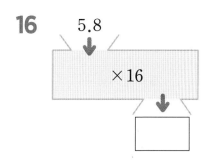
5.8 ×16

17
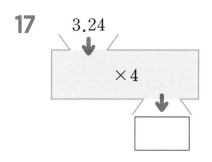
3.24 ×4

18
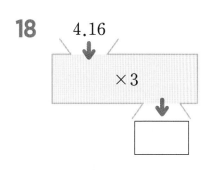
4.16 ×3

19
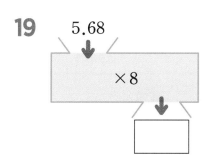
5.68 ×8

20
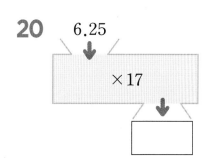
6.25 ×17

3 (자연수)×(1보다 작은 소수)(1)

방법 1 분수의 곱셈으로 고쳐서 계산합니다.

$$3 \times 0.6 = 3 \times \frac{6}{10} = \frac{18}{10} = 1.8$$

방법 2 자연수의 곱셈과 같이 계산한 후 소수점의 자리를 맞추어 찍습니다.

$$\begin{array}{r} 3 \\ \times\ 0.6 \\ \hline \end{array} \Rightarrow \begin{array}{r} 3 \\ \times\ 6 \\ \hline 18 \end{array} \Rightarrow \begin{array}{r} 3 \\ \times\ 0.6 \\ \hline 1.8 \end{array}$$

🕐 ☐ 안에 알맞은 수를 써넣으시오. **(1~4)**

1 0.7은 0.1이 ☐ 개이고, 2×0.7은 0.1이 2×☐=☐ (개)이므로

2×0.7= ☐ 입니다.

2 0.9는 0.1이 ☐ 개이고, 4×0.9는 0.1이 4×☐=☐ (개)이므로

4×0.9= ☐ 입니다.

3 0.12는 0.01이 ☐ 개이고, 3×0.12는 0.01이 3×☐=☐ (개)이므로

3×0.12= ☐ 입니다.

4 0.15는 0.01이 ☐ 개이고, 5×0.15는 0.01이 5×☐=☐ (개)이므로

5×0.15= ☐ 입니다.

⏰ □ 안에 알맞은 수를 써넣으시오. (5~12)

5

$$8 \times 7 = \boxed{}$$

$\frac{1}{10}$배 ↓   ↓ $\frac{1}{10}$배

$$8 \times 0.7 = \boxed{}$$

6

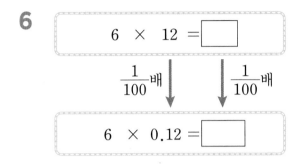

$$6 \times 12 = \boxed{}$$

$\frac{1}{100}$배 ↓   ↓ $\frac{1}{100}$배

$$6 \times 0.12 = \boxed{}$$

7

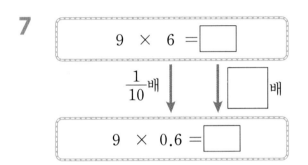

$$9 \times 6 = \boxed{}$$

$\frac{1}{10}$배 ↓   ↓ $\boxed{}$배

$$9 \times 0.6 = \boxed{}$$

8

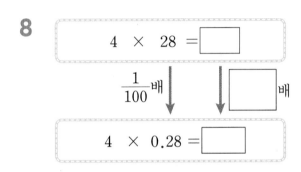

$$4 \times 28 = \boxed{}$$

$\frac{1}{100}$배 ↓   ↓ $\boxed{}$배

$$4 \times 0.28 = \boxed{}$$

9

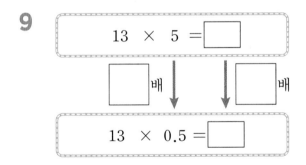

$$13 \times 5 = \boxed{}$$

$\boxed{}$배 ↓   ↓ $\boxed{}$배

$$13 \times 0.5 = \boxed{}$$

10

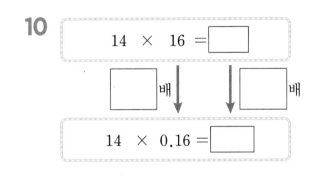

$$14 \times 16 = \boxed{}$$

$\boxed{}$배 ↓   ↓ $\boxed{}$배

$$14 \times 0.16 = \boxed{}$$

11

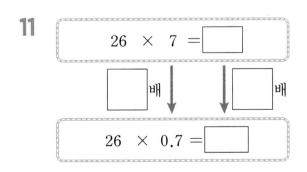

$$26 \times 7 = \boxed{}$$

$\boxed{}$배 ↓   ↓ $\boxed{}$배

$$26 \times 0.7 = \boxed{}$$

12

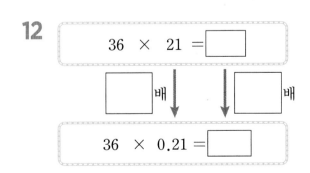

$$36 \times 21 = \boxed{}$$

$\boxed{}$배 ↓   ↓ $\boxed{}$배

$$36 \times 0.21 = \boxed{}$$

학습 날짜

월   일

□ 안에 알맞은 수를 써넣으시오. (1~7)

1 $7 \times 0.9 = 7 \times \dfrac{\square}{10} = \dfrac{7 \times \square}{10} = \dfrac{\square}{10} = \square$

2 $6 \times 0.6 = 6 \times \dfrac{\square}{10} = \dfrac{6 \times \square}{10} = \dfrac{\square}{10} = \square$

3 $12 \times 0.7 = 12 \times \dfrac{\square}{10} = \dfrac{12 \times \square}{10} = \dfrac{\square}{10} = \square$

4 $23 \times 0.4 = 23 \times \dfrac{\square}{10} = \dfrac{23 \times \square}{10} = \dfrac{\square}{10} = \square$

5 $9 \times 0.15 = 9 \times \dfrac{\square}{100} = \dfrac{9 \times \square}{100} = \dfrac{\square}{100} = \square$

6 $8 \times 0.62 = 8 \times \dfrac{\square}{100} = \dfrac{8 \times \square}{100} = \dfrac{\square}{100} = \square$

7 $23 \times 0.13 = 23 \times \dfrac{\square}{100} = \dfrac{23 \times \square}{100} = \dfrac{\square}{100} = \square$

🕐 계산을 하시오. (8 ~ 25)

8 6×0.7

9 3×0.9

10 11×0.4

11 15×0.3

12 24×0.6

13 23×0.5

14 19×0.8

15 36×0.2

16 9×0.14

17 8×0.86

18 6×0.94

19 7×0.85

20 12×0.46

21 18×0.62

22 36×0.49

23 27×0.39

24 35×0.23

25 28×0.37

⏰ □ 안에 알맞은 수를 써넣으시오. (1~5)

1

$$\begin{array}{r} 5 \\ \times\ 0.7 \\ \hline \end{array}$$ ➡ $$\begin{array}{r} 5 \\ \times\ 7 \\ \hline \boxed{} \end{array}$$ ➡ $$\begin{array}{r} 5 \\ \times\ 0.7 \\ \hline \boxed{} \end{array}$$

2

$$\begin{array}{r} 1\ 6 \\ \times\ 0.8 \\ \hline \end{array}$$ ➡ $$\begin{array}{r} 1\ 6 \\ \times\ 8 \\ \hline \boxed{} \end{array}$$ ➡ $$\begin{array}{r} 1\ 6 \\ \times\ 0.8 \\ \hline \boxed{} \end{array}$$

3

$$\begin{array}{r} 2\ 7 \\ \times\ 0.6 \\ \hline \end{array}$$ ➡ $$\begin{array}{r} 2\ 7 \\ \times\ 6 \\ \hline \boxed{} \end{array}$$ ➡ $$\begin{array}{r} 2\ 7 \\ \times\ 0.6 \\ \hline \boxed{} \end{array}$$

4

$$\begin{array}{r} 9 \\ \times\ 0.2\ 8 \\ \hline \end{array}$$ ➡ $$\begin{array}{r} 9 \\ \times\ 2\ 8 \\ \hline \boxed{} \end{array}$$ ➡ $$\begin{array}{r} 9 \\ \times\ 0.2\ 8 \\ \hline \boxed{} \end{array}$$

5

$$\begin{array}{r} 7\ 6 \\ \times\ 0.5\ 2 \\ \hline \end{array}$$ ➡ $$\begin{array}{r} 7\ 6 \\ \times\ 5\ 2 \\ \hline \boxed{} \\ \boxed{} \\ \boxed{} \end{array}$$ ➡ $$\begin{array}{r} 7\ 6 \\ \times\ 0.5\ 2 \\ \hline \boxed{} \\ \boxed{} \\ \boxed{} \end{array}$$

계산은 빠르고 정확하게!

걸린 시간	1~8분	8~12분	12~16분
맞은 개수	21~23개	17~20개	1~16개
평가	참 잘했어요.	잘했어요.	좀더 노력해요.

🕐 **계산을 하시오. (6 ~ 23)**

6
$$\begin{array}{r} 4 \\ \times\ 0.7 \\ \hline \end{array}$$

7
$$\begin{array}{r} 9 \\ \times\ 0.9 \\ \hline \end{array}$$

8
$$\begin{array}{r} 8 \\ \times\ 0.4 \\ \hline \end{array}$$

9
$$\begin{array}{r} 1\ 6 \\ \times\ 0.3 \\ \hline \end{array}$$

10
$$\begin{array}{r} 2\ 5 \\ \times\ 0.7 \\ \hline \end{array}$$

11
$$\begin{array}{r} 4\ 2 \\ \times\ 0.8 \\ \hline \end{array}$$

12
$$\begin{array}{r} 5 \\ \times\ 0.1\ 3 \\ \hline \end{array}$$

13
$$\begin{array}{r} 4 \\ \times\ 0.6\ 2 \\ \hline \end{array}$$

14
$$\begin{array}{r} 9 \\ \times\ 0.4\ 7 \\ \hline \end{array}$$

15
$$\begin{array}{r} 1\ 5 \\ \times\ 0.7\ 4 \\ \hline \end{array}$$

16
$$\begin{array}{r} 2\ 2 \\ \times\ 0.2\ 8 \\ \hline \end{array}$$

17
$$\begin{array}{r} 1\ 8 \\ \times\ 0.5\ 6 \\ \hline \end{array}$$

18
$$\begin{array}{r} 3\ 5 \\ \times\ 0.1\ 7 \\ \hline \end{array}$$

19
$$\begin{array}{r} 6\ 2 \\ \times\ 0.2\ 8 \\ \hline \end{array}$$

20
$$\begin{array}{r} 7\ 4 \\ \times\ 0.1\ 9 \\ \hline \end{array}$$

21
$$\begin{array}{r} 5\ 7 \\ \times\ 0.1\ 2 \\ \hline \end{array}$$

22
$$\begin{array}{r} 3\ 1 \\ \times\ 0.3\ 9 \\ \hline \end{array}$$

23
$$\begin{array}{r} 2\ 5 \\ \times\ 0.1\ 4 \\ \hline \end{array}$$

⏰ 빈 곳에 알맞은 수를 써넣으시오. (1~12)

1 2 → ×0.6 →

2 9 → ×0.8 →

3 18 → ×0.7 →

4 24 → ×0.9 →

5 33 → ×0.4 →

6 56 → ×0.3 →

7 7 → ×0.29 →

8 8 → ×0.43 →

9 12 → ×0.14 →

10 26 → ×0.25 →

11 38 → ×0.72 →

12 26 → ×0.59 →

계산은 빠르고 정확하게!

걸린 시간	1~6분	6~9분	9~12분
맞은 개수	18~20개	14~17개	1~13개
평가	참 잘했어요.	잘했어요.	좀더 노력해요.

□ 안에 알맞은 수를 써넣으시오. (13~20)

13
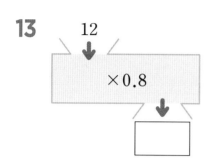

14
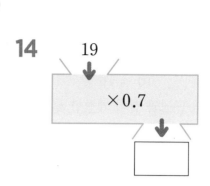

15
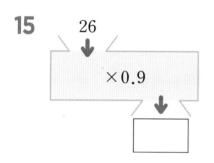

16
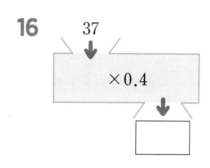

17
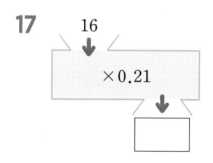

18
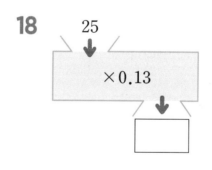

19
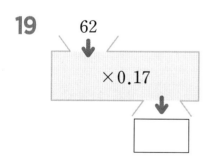

20
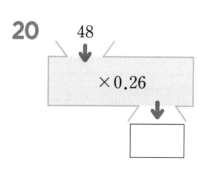

4 (자연수)×(1보다 큰 소수)(1)

학습 날짜

월
일

방법① 분수의 곱셈으로 고쳐서 계산합니다.

$$4 \times 1.2 = 4 \times \frac{12}{10} = \frac{48}{10} = 4.8$$

방법② 자연수의 곱셈과 같이 계산한 후 소수점의 자리를 맞추어 찍습니다.

$$\begin{array}{r} 4 \\ \times\ 1.2 \\ \hline \end{array} \Rightarrow \begin{array}{r} 4 \\ \times\ 12 \\ \hline 48 \end{array} \Rightarrow \begin{array}{r} 4 \\ \times\ 1.2 \\ \hline 4.8 \end{array}$$

⏰ ☐ 안에 알맞은 수를 써넣으시오. **(1~4)**

1 1.5는 0.1이 ☐개이고, 3×1.5는 0.1이 3×☐=☐(개)이므로

3×1.5=☐입니다.

2 1.2는 0.1이 ☐개이고, 6×1.2는 0.1이 6×☐=☐(개)이므로

6×1.2=☐입니다.

3 1.07은 0.01이 ☐개이고, 4×1.07은 0.01이 4×☐=☐(개)이므로

4×1.07=☐입니다.

4 2.19는 0.01이 ☐개이고, 5×2.19는 0.01이 5×☐=☐(개)이므로

5×2.19=☐입니다.

□ 안에 알맞은 수를 써넣으시오. (5 ~ 12)

5

$$6 \times 16 = \boxed{}$$

$\frac{1}{10}$배　　$\frac{1}{10}$배

$$6 \times 1.6 = \boxed{}$$

6

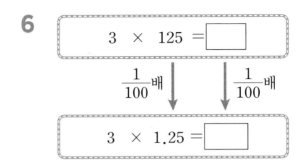

$$3 \times 125 = \boxed{}$$

$\frac{1}{100}$배　　$\frac{1}{100}$배

$$3 \times 1.25 = \boxed{}$$

7

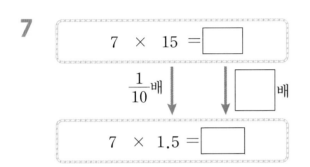

$$7 \times 15 = \boxed{}$$

$\frac{1}{10}$배　　$\boxed{}$배

$$7 \times 1.5 = \boxed{}$$

8

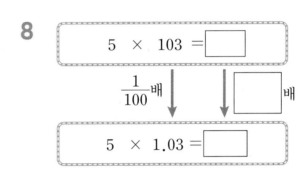

$$5 \times 103 = \boxed{}$$

$\frac{1}{100}$배　　$\boxed{}$배

$$5 \times 1.03 = \boxed{}$$

9

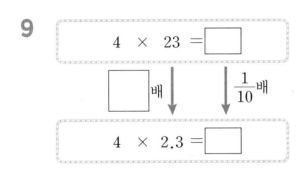

$$4 \times 23 = \boxed{}$$

$\boxed{}$배　　$\frac{1}{10}$배

$$4 \times 2.3 = \boxed{}$$

10

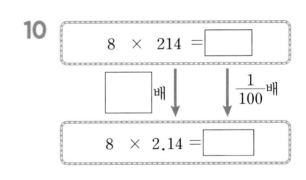

$$8 \times 214 = \boxed{}$$

$\boxed{}$배　　$\frac{1}{100}$배

$$8 \times 2.14 = \boxed{}$$

11

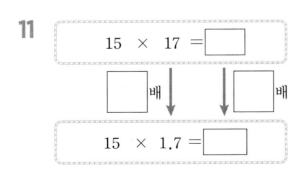

$$15 \times 17 = \boxed{}$$

$\boxed{}$배　　$\boxed{}$배

$$15 \times 1.7 = \boxed{}$$

12

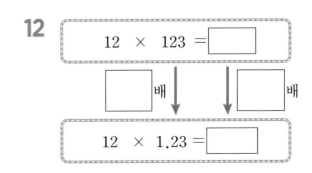

$$12 \times 123 = \boxed{}$$

$\boxed{}$배　　$\boxed{}$배

$$12 \times 1.23 = \boxed{}$$

4 (자연수)×(1보다 큰 소수)(2)

⏰ □ 안에 알맞은 수를 써넣으시오. (1~7)

1 $7 \times 1.4 = 7 \times \dfrac{\boxed{}}{10} = \dfrac{7 \times \boxed{}}{10} = \dfrac{\boxed{}}{10} = \boxed{}$

2 $6 \times 2.3 = 6 \times \dfrac{\boxed{}}{10} = \dfrac{6 \times \boxed{}}{10} = \dfrac{\boxed{}}{10} = \boxed{}$

3 $8 \times 1.9 = 8 \times \dfrac{\boxed{}}{10} = \dfrac{8 \times \boxed{}}{10} = \dfrac{\boxed{}}{10} = \boxed{}$

4 $5 \times 2.7 = 5 \times \dfrac{\boxed{}}{10} = \dfrac{5 \times \boxed{}}{10} = \dfrac{\boxed{}}{10} = \boxed{}$

5 $9 \times 1.25 = 9 \times \dfrac{\boxed{}}{100} = \dfrac{9 \times \boxed{}}{100} = \dfrac{\boxed{}}{100} = \boxed{}$

6 $6 \times 2.51 = 6 \times \dfrac{\boxed{}}{100} = \dfrac{6 \times \boxed{}}{100} = \dfrac{\boxed{}}{100} = \boxed{}$

7 $14 \times 1.28 = 14 \times \dfrac{\boxed{}}{100} = \dfrac{14 \times \boxed{}}{100} = \dfrac{\boxed{}}{100} = \boxed{}$

계산은 빠르고 정확하게!

걸린 시간	1~10분	10~15분	15~20분
맞은 개수	23~25개	18~22개	1~17개
평가	참 잘했어요.	잘했어요.	좀더 노력해요.

⏰ 계산을 하시오. (8 ~ 25)

8 3×3.4

9 5×1.9

10 6×4.2

11 7×5.8

12 16×2.7

13 24×3.6

14 32×5.6

15 47×1.7

16 9×2.15

17 8×3.64

18 7×4.72

19 6×5.14

20 12×1.76

21 26×2.51

22 25×3.14

23 36×1.13

24 46×3.02

25 37×4.13

⏰ □ 안에 알맞은 수를 써넣으시오. (1~5)

1

		4
×	1 .	6

➡

		4
×	1	6

➡

		4
×	1 .	6

2

		8
×	3 .	2

➡

		8
×	3	2

➡

		8
×	3 .	2

3

	1	5
×	2 .	7

➡

	1	5
×	2	7

➡

	1	5
×	2 .	7

4

		5
×	2 . 1	6

➡

		5
×	2 1	6

➡

		5
×	2 . 1	6

5

	2	8
×	4 . 5	7

➡

	2	8
×	4 5	7

➡

	2	8
×	4 . 5	7

⏰ 계산을 하시오. (6 ~ 23)

6
$$\begin{array}{r} 8 \\ \times\ 2.9 \\ \hline \end{array}$$

7
$$\begin{array}{r} 6 \\ \times\ 1.8 \\ \hline \end{array}$$

8
$$\begin{array}{r} 9 \\ \times\ 4.2 \\ \hline \end{array}$$

9
$$\begin{array}{r} 1\,1 \\ \times\ 4.3 \\ \hline \end{array}$$

10
$$\begin{array}{r} 2\,4 \\ \times\ 1.7 \\ \hline \end{array}$$

11
$$\begin{array}{r} 5\,6 \\ \times\ 2.8 \\ \hline \end{array}$$

12
$$\begin{array}{r} 3\,6 \\ \times\ 2.2 \\ \hline \end{array}$$

13
$$\begin{array}{r} 4\,8 \\ \times\ 2.1 \\ \hline \end{array}$$

14
$$\begin{array}{r} 6\,2 \\ \times\ 3.4 \\ \hline \end{array}$$

15
$$\begin{array}{r} 8 \\ \times\ 1.1\,7 \\ \hline \end{array}$$

16
$$\begin{array}{r} 6 \\ \times\ 2.4\,2 \\ \hline \end{array}$$

17
$$\begin{array}{r} 7 \\ \times\ 1.5\,8 \\ \hline \end{array}$$

18
$$\begin{array}{r} 1\,5 \\ \times\ 3.1\,3 \\ \hline \end{array}$$

19
$$\begin{array}{r} 2\,3 \\ \times\ 1.2\,7 \\ \hline \end{array}$$

20
$$\begin{array}{r} 3\,6 \\ \times\ 2.3\,5 \\ \hline \end{array}$$

21
$$\begin{array}{r} 2\,7 \\ \times\ 2.1\,5 \\ \hline \end{array}$$

22
$$\begin{array}{r} 3\,6 \\ \times\ 1.9\,7 \\ \hline \end{array}$$

23
$$\begin{array}{r} 4\,1 \\ \times\ 3.6\,5 \\ \hline \end{array}$$

⏰ 빈 곳에 알맞은 수를 써넣으시오. (1~12)

1 9 ─ ×5.2 → ▢

2 4 ─ ×8.6 → ▢

3 6 ─ ×5.8 → ▢

4 7 ─ ×4.2 → ▢

5 16 ─ ×2.7 → ▢

6 26 ─ ×3.7 → ▢

7 28 ─ ×3.9 → ▢

8 42 ─ ×5.4 → ▢

9 9 ─ ×1.98 → ▢

10 12 ─ ×4.15 → ▢

11 27 ─ ×3.01 → ▢

12 31 ─ ×2.56 → ▢

계산은 빠르고 정확하게!

걸린 시간	1~8분	8~12분	12~16분
맞은 개수	18~20개	14~17개	1~13개
평가	참 잘했어요.	잘했어요.	좀더 노력해요.

☐ 안에 알맞은 수를 써넣으시오. (13 ~ 20)

13
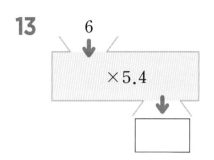

14
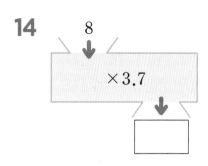

15
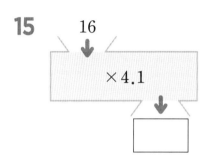

16
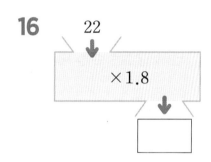

17
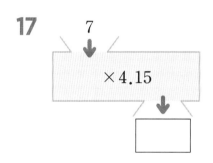

18
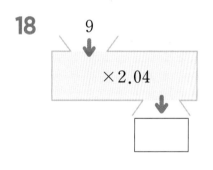

19
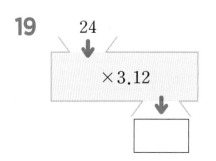

20
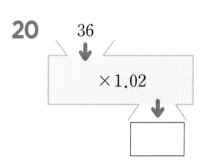

1보다 작은 소수끼리의 곱셈(1)

방법 ① 분수의 곱셈으로 고쳐서 계산합니다.

$$0.3 \times 0.5 = \frac{3}{10} \times \frac{5}{10} = \frac{15}{100} = 0.15$$

방법 ② 자연수의 곱셈과 같이 계산한 후 두 소수의 소수점 아래 자리 수의 합과 같도록 소수점을 찍습니다.

$$
\begin{array}{r} 0.3 \\ \times\ 0.5 \\ \hline \end{array}
\Rightarrow
\begin{array}{r} 3 \\ \times\ 5 \\ \hline 15 \end{array}
\Rightarrow
\begin{array}{r} 0.3 \\ \times\ 0.5 \\ \hline 0.1\,5 \end{array}
$$

🕐 그림을 보고 □ 안에 알맞은 수를 써넣으시오. (1~4)

1

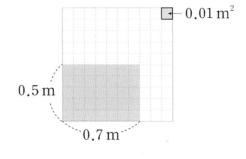

$$0.4 \times 0.6 = \boxed{} \,(\text{m}^2)$$

2

0.5 m
0.7 m
0.01 m²

$$0.7 \times 0.5 = \boxed{} \,(\text{m}^2)$$

3

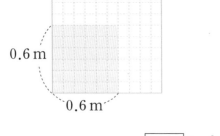

$$0.6 \times 0.6 = \boxed{} \,(\text{m}^2)$$

4

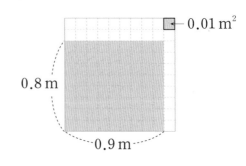

$$0.9 \times 0.8 = \boxed{} \,(\text{m}^2)$$

⏰ ☐ 안에 알맞은 수를 써넣으시오. (5~12)

5

$$2 \times 6 = \boxed{}$$

$\frac{1}{10}$배 ↓ $\frac{1}{10}$배 ↓   ↓ $\boxed{}$배

$$0.2 \times 0.6 = \boxed{}$$

6

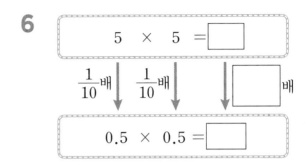

$$5 \times 5 = \boxed{}$$

$\frac{1}{10}$배 ↓ $\frac{1}{10}$배 ↓   ↓ $\boxed{}$배

$$0.5 \times 0.5 = \boxed{}$$

7

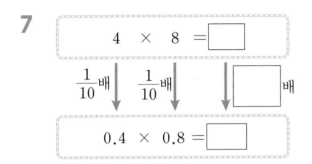

$$4 \times 8 = \boxed{}$$

$\frac{1}{10}$배 ↓ $\frac{1}{10}$배 ↓   ↓ $\boxed{}$배

$$0.4 \times 0.8 = \boxed{}$$

8

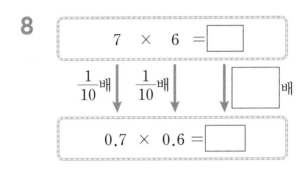

$$7 \times 6 = \boxed{}$$

$\frac{1}{10}$배 ↓ $\frac{1}{10}$배 ↓   ↓ $\boxed{}$배

$$0.7 \times 0.6 = \boxed{}$$

9

$$12 \times 7 = \boxed{}$$

$\frac{1}{100}$배 ↓ $\frac{1}{10}$배 ↓   ↓ $\boxed{}$배

$$0.12 \times 0.7 = \boxed{}$$

10

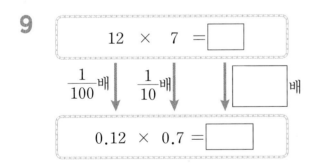

$$48 \times 9 = \boxed{}$$

$\frac{1}{100}$배 ↓ $\frac{1}{10}$배 ↓   ↓ $\boxed{}$배

$$0.48 \times 0.9 = \boxed{}$$

11

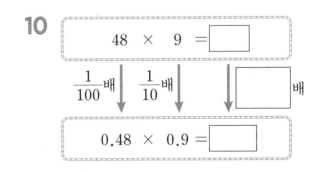

$$6 \times 81 = \boxed{}$$

$\frac{1}{10}$배 ↓ $\frac{1}{100}$배 ↓   ↓ $\boxed{}$배

$$0.6 \times 0.81 = \boxed{}$$

12

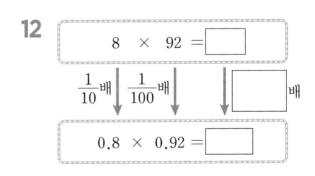

$$8 \times 92 = \boxed{}$$

$\frac{1}{10}$배 ↓ $\frac{1}{100}$배 ↓   ↓ $\boxed{}$배

$$0.8 \times 0.92 = \boxed{}$$

5 1보다 작은 소수끼리의 곱셈(2)

⏰ □ 안에 알맞은 수를 써넣으시오. (1 ~ 12)

1 $0.8 \times 0.8 = \dfrac{\square}{10} \times \dfrac{\square}{10}$

$= \dfrac{\square}{100} = \square$

2 $0.7 \times 0.6 = \dfrac{\square}{10} \times \dfrac{\square}{10}$

$= \dfrac{\square}{100} = \square$

3 $0.12 \times 0.9 = \dfrac{\square}{100} \times \dfrac{\square}{10}$

$= \dfrac{\square}{1000} = \square$

4 $0.24 \times 0.3 = \dfrac{\square}{100} \times \dfrac{\square}{10}$

$= \dfrac{\square}{1000} = \square$

5 $0.64 \times 0.7 = \dfrac{\square}{100} \times \dfrac{\square}{10}$

$= \dfrac{\square}{1000} = \square$

6 $0.72 \times 0.8 = \dfrac{\square}{100} \times \dfrac{\square}{10}$

$= \dfrac{\square}{1000} = \square$

7 $0.5 \times 0.43 = \dfrac{\square}{10} \times \dfrac{\square}{100}$

$= \dfrac{\square}{1000} = \square$

8 $0.6 \times 0.54 = \dfrac{\square}{10} \times \dfrac{\square}{100}$

$= \dfrac{\square}{1000} = \square$

9 $0.8 \times 0.67 = \dfrac{\square}{10} \times \dfrac{\square}{100}$

$= \dfrac{\square}{1000} = \square$

10 $0.9 \times 0.67 = \dfrac{\square}{10} \times \dfrac{\square}{100}$

$= \dfrac{\square}{1000} = \square$

11 $0.24 \times 0.42 = \dfrac{\square}{100} \times \dfrac{\square}{100}$

$= \dfrac{\square}{10000} = \square$

12 $0.67 \times 0.15 = \dfrac{\square}{100} \times \dfrac{\square}{100}$

$= \dfrac{\square}{10000} = \square$

⏰ 계산을 하시오. (13 ~ 30)

13 0.2×0.4

14 0.9×0.4

15 0.7×0.8

16 0.3×0.7

17 0.64×0.2

18 0.86×0.5

19 0.96×0.7

20 0.88×0.3

21 0.6×0.61

22 0.5×0.29

23 0.8×0.62

24 0.7×0.58

25 0.64×0.15

26 0.27×0.54

27 0.29×0.81

28 0.48×0.56

29 0.38×0.32

30 0.91×0.23

5 1보다 작은 소수끼리의 곱셈(3)

학습 날짜

월   일

⏰ ☐ 안에 알맞은 수를 써넣으시오. (1~5)

1

	0 . 9
×	0 . 2

➡

	9
×	2

➡

	0 . 9
×	0 . 2

2

	0 . 2 7
×	0 . 5

➡

	2 7
×	5

➡

	0 . 2 7
×	0 . 5

3

	0 . 5 2
×	0 . 4

➡

	5 2
×	4

➡

	0 . 5 2
×	0 . 4

4

	0 . 7
×	0 . 5 1

➡

	7
×	5 1

➡

	0 . 7
×	0 . 5 1

5

	0 . 6 2
×	0 . 4

➡

	6 2
×	4

➡

	0 . 6 2
×	0 . 4

🕐 **계산을 하시오. (6 ~ 23)**

6
$$\begin{array}{r} 0.2 \\ \times\ 0.8 \\ \hline \end{array}$$

7
$$\begin{array}{r} 0.5 \\ \times\ 0.7 \\ \hline \end{array}$$

8
$$\begin{array}{r} 0.9 \\ \times\ 0.8 \\ \hline \end{array}$$

9
$$\begin{array}{r} 0.6\,5 \\ \times\ \ 0.7 \\ \hline \end{array}$$

10
$$\begin{array}{r} 0.2\,4 \\ \times\ \ 0.9 \\ \hline \end{array}$$

11
$$\begin{array}{r} 0.4\,8 \\ \times\ \ 0.2 \\ \hline \end{array}$$

12
$$\begin{array}{r} 0.1\,7 \\ \times\ \ 0.8 \\ \hline \end{array}$$

13
$$\begin{array}{r} 0.3\,2 \\ \times\ \ 0.6 \\ \hline \end{array}$$

14
$$\begin{array}{r} 0.7\,2 \\ \times\ \ 0.5 \\ \hline \end{array}$$

15
$$\begin{array}{r} 0.6 \\ \times\ 0.1\,8 \\ \hline \end{array}$$

16
$$\begin{array}{r} 0.5 \\ \times\ 0.4\,7 \\ \hline \end{array}$$

17
$$\begin{array}{r} 0.8 \\ \times\ 0.9\,2 \\ \hline \end{array}$$

18
$$\begin{array}{r} 0.5\,6 \\ \times\ \ 0.6\,1 \\ \hline \end{array}$$

19
$$\begin{array}{r} 0.8\,8 \\ \times\ \ 0.2\,7 \\ \hline \end{array}$$

20
$$\begin{array}{r} 0.6\,7 \\ \times\ \ 0.7\,2 \\ \hline \end{array}$$

21
$$\begin{array}{r} 0.3\,6 \\ \times\ \ 0.4\,2 \\ \hline \end{array}$$

22
$$\begin{array}{r} 0.5\,4 \\ \times\ \ 0.4\,7 \\ \hline \end{array}$$

23
$$\begin{array}{r} 0.7\,5 \\ \times\ \ 0.7\,5 \\ \hline \end{array}$$

5 1보다 작은 소수끼리의 곱셈(4)

⏰ 빈 곳에 알맞은 수를 써넣으시오. (1 ~ 12)

1 0.3 — ×0.9 → ☐

2 0.6 — ×0.8 → ☐

3 0.16 — ×0.3 → ☐

4 0.27 — ×0.5 → ☐

5 0.39 — ×0.4 → ☐

6 0.51 — ×0.6 → ☐

7 0.2 — ×0.91 → ☐

8 0.4 — ×0.72 → ☐

9 0.7 — ×0.36 → ☐

10 0.8 — ×0.76 → ☐

11 0.25 — ×0.13 → ☐

12 0.92 — ×0.17 → ☐

계산은 빠르고 정확하게!

걸린 시간	1~6분	6~9분	9~12분
맞은 개수	18~20개	14~17개	1~13개
평가	참 잘했어요.	잘했어요.	좀더 노력해요.

□ 안에 알맞은 수를 써넣으시오. (13 ~ 20)

13
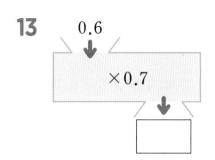

14
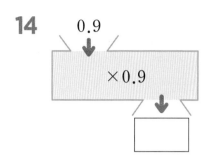

15
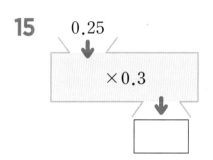

16
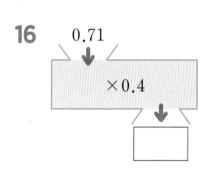

17
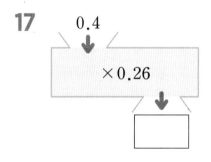

18
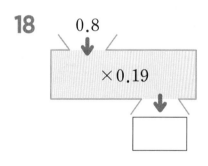

19
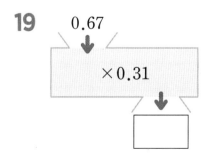

20
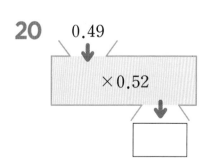

6 1보다 큰 소수끼리의 곱셈(1)

방법 ① 분수의 곱셈으로 고쳐서 계산합니다.

$$1.2 \times 1.4 = \frac{12}{10} \times \frac{14}{10} = \frac{168}{100} = 1.68$$

방법 ② 자연수의 곱셈과 같이 계산한 후 두 소수의 소수점 아래 자리 수의 합과 같도록 소수점을 찍습니다.

$$
\begin{array}{r} 1.2 \\ \times\ 1.4 \\ \hline \end{array}
\quad\Rightarrow\quad
\begin{array}{r} 12 \\ \times\ 14 \\ \hline 168 \end{array}
\quad\Rightarrow\quad
\begin{array}{r} 1.2 \\ \times\ 1.4 \\ \hline 1.6\ 8 \end{array}
$$

⏰ ☐ 안에 알맞은 수를 써넣으시오. **(1~4)**

1 14와 18의 곱은 ☐ 입니다. ➡ 1.4는 14의 $\frac{1}{10}$배이고, 1.8은 18의 ☐ 배이므로

1.4×1.8의 값은 ☐ 의 ☐ 배인 ☐ 입니다.

2 26과 34의 곱은 ☐ 입니다. ➡ 2.6은 26의 $\frac{1}{10}$배이고, 3.4는 34의 ☐ 배이므로

2.6×3.4의 값은 ☐ 의 ☐ 배인 ☐ 입니다.

3 127과 15의 곱은 ☐ 입니다. ➡ 1.27은 127의 $\frac{1}{100}$배이고, 1.5는 15의 ☐ 배이

므로 1.27×1.5의 값은 ☐ 의 ☐ 배인 ☐ 입니다.

4 28과 102의 곱은 ☐ 입니다. ➡ 2.8은 28의 $\frac{1}{10}$배이고, 1.02는 102의 ☐ 배이

므로 2.8×1.02의 값은 ☐ 의 ☐ 배인 ☐ 입니다.

⏰ □ 안에 알맞은 수를 써넣으시오. **(5 ~ 12)**

5

$27 \times 15 = \boxed{}$

$\dfrac{1}{10}$배 $\dfrac{1}{10}$배 → $\boxed{}$ 배

$2.7 \times 1.5 = \boxed{}$

6

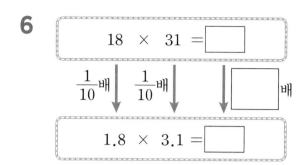

$18 \times 31 = \boxed{}$

$\dfrac{1}{10}$배 $\dfrac{1}{10}$배 → $\boxed{}$ 배

$1.8 \times 3.1 = \boxed{}$

7

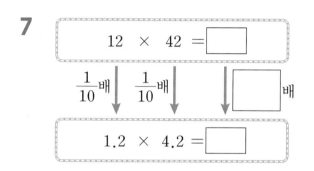

$12 \times 42 = \boxed{}$

$\dfrac{1}{10}$배 $\dfrac{1}{10}$배 → $\boxed{}$ 배

$1.2 \times 4.2 = \boxed{}$

8

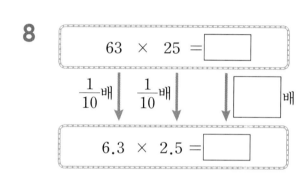

$63 \times 25 = \boxed{}$

$\dfrac{1}{10}$배 $\dfrac{1}{10}$배 → $\boxed{}$ 배

$6.3 \times 2.5 = \boxed{}$

9

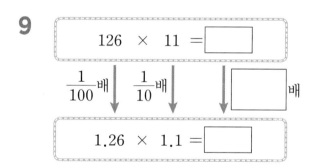

$126 \times 11 = \boxed{}$

$\dfrac{1}{100}$배 $\dfrac{1}{10}$배 → $\boxed{}$ 배

$1.26 \times 1.1 = \boxed{}$

10

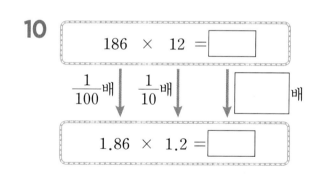

$186 \times 12 = \boxed{}$

$\dfrac{1}{100}$배 $\dfrac{1}{10}$배 → $\boxed{}$ 배

$1.86 \times 1.2 = \boxed{}$

11

$24 \times 312 = \boxed{}$

$\dfrac{1}{10}$배 $\dfrac{1}{100}$배 → $\boxed{}$ 배

$2.4 \times 3.12 = \boxed{}$

12

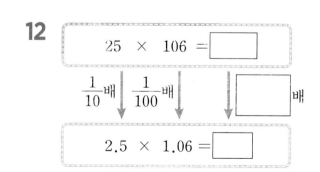

$25 \times 106 = \boxed{}$

$\dfrac{1}{10}$배 $\dfrac{1}{100}$배 → $\boxed{}$ 배

$2.5 \times 1.06 = \boxed{}$

🕐 □ 안에 알맞은 수를 써넣으시오. (1~12)

1 $2.6 \times 1.7 = \dfrac{\boxed{}}{10} \times \dfrac{\boxed{}}{10}$

$= \dfrac{\boxed{}}{100} = \boxed{}$

2 $3.4 \times 2.6 = \dfrac{\boxed{}}{10} \times \dfrac{\boxed{}}{10}$

$= \dfrac{\boxed{}}{100} = \boxed{}$

3 $4.8 \times 3.6 = \dfrac{\boxed{}}{10} \times \dfrac{\boxed{}}{10}$

$= \dfrac{\boxed{}}{100} = \boxed{}$

4 $3.7 \times 4.5 = \dfrac{\boxed{}}{10} \times \dfrac{\boxed{}}{10}$

$= \dfrac{\boxed{}}{100} = \boxed{}$

5 $3.12 \times 2.1 = \dfrac{\boxed{}}{100} \times \dfrac{\boxed{}}{10}$

$= \dfrac{\boxed{}}{1000} = \boxed{}$

6 $2.02 \times 3.4 = \dfrac{\boxed{}}{100} \times \dfrac{\boxed{}}{10}$

$= \dfrac{\boxed{}}{1000} = \boxed{}$

7 $4.67 \times 1.5 = \dfrac{\boxed{}}{100} \times \dfrac{\boxed{}}{10}$

$= \dfrac{\boxed{}}{1000} = \boxed{}$

8 $4.35 \times 2.6 = \dfrac{\boxed{}}{100} \times \dfrac{\boxed{}}{10}$

$= \dfrac{\boxed{}}{1000} = \boxed{}$

9 $2.8 \times 3.12 = \dfrac{\boxed{}}{10} \times \dfrac{\boxed{}}{100}$

$= \dfrac{\boxed{}}{1000} = \boxed{}$

10 $3.26 \times 2.5 = \dfrac{\boxed{}}{100} \times \dfrac{\boxed{}}{10}$

$= \dfrac{\boxed{}}{1000} = \boxed{}$

11 $7.4 \times 2.81 = \dfrac{\boxed{}}{10} \times \dfrac{\boxed{}}{100}$

$= \dfrac{\boxed{}}{1000} = \boxed{}$

12 $2.97 \times 1.58 = \dfrac{\boxed{}}{100} \times \dfrac{\boxed{}}{100}$

$= \dfrac{\boxed{}}{10000} = \boxed{}$

⏰ 계산을 하시오. (13 ~ 30)

13 1.7×2.2

14 4.2×1.3

15 3.8×5.7

16 2.4×3.7

17 5.9×1.8

18 6.6×3.2

19 1.74×3.6

20 5.02×2.4

21 4.12×3.7

22 3.65×3.2

23 5.4×1.98

24 8.2×2.47

25 6.8×5.14

26 9.2×3.19

27 4.62×1.74

28 2.48×7.56

29 2.34×1.02

30 5.12×1.14

6 1보다 큰 소수끼리의 곱셈(3)

🕐 ☐ 안에 알맞은 수를 써넣으시오. (1~5)

1

	2	.	6
×	3	.	2

➡

		2	6
×		3	2

➡

		2	.	6
×		3	.	2

2

	6	.	2
×	4	.	7

➡

		6	2
×		4	7

➡

		6	.	2
×		4	.	7

3

	1	2	.	7
×			2	.	1

➡

	1	2	7
×		2	1

➡

	1	2	.	7
×			2	.	1

4

		3	.	5
×	1	.	2	9

➡

		3	5
×	1	2	9

➡

		3	.	5
×	1	.	2	9

5

	2	.	1	7
×	1	.	2	3

➡

	2	1	7
×	1	2	3

➡

	2	.	1	7
×	1	.	2	3

🕐 계산을 하시오. (6 ~ 20)

6
$$\begin{array}{r} 2.3 \\ \times\ 3.2 \\ \hline \end{array}$$

7
$$\begin{array}{r} 5.1 \\ \times\ 2.8 \\ \hline \end{array}$$

8
$$\begin{array}{r} 3.6 \\ \times\ 1.7 \\ \hline \end{array}$$

9
$$\begin{array}{r} 4.4 \\ \times\ 2.6 \\ \hline \end{array}$$

10
$$\begin{array}{r} 7.1 \\ \times\ 2.5 \\ \hline \end{array}$$

11
$$\begin{array}{r} 8.9 \\ \times\ 3.3 \\ \hline \end{array}$$

12
$$\begin{array}{r} 1.4\,8 \\ \times\ \ 5.2 \\ \hline \end{array}$$

13
$$\begin{array}{r} 2.1\,8 \\ \times\ \ 4.1 \\ \hline \end{array}$$

14
$$\begin{array}{r} 3.0\,8 \\ \times\ \ 2.2 \\ \hline \end{array}$$

15
$$\begin{array}{r} 4.5 \\ \times\ 1.2\,3 \\ \hline \end{array}$$

16
$$\begin{array}{r} 7.8 \\ \times\ 1.5\,2 \\ \hline \end{array}$$

17
$$\begin{array}{r} 6.4 \\ \times\ 2.5\,9 \\ \hline \end{array}$$

18
$$\begin{array}{r} 1.5\,2 \\ \times\ 3.5\,4 \\ \hline \end{array}$$

19
$$\begin{array}{r} 2.9\,4 \\ \times\ 5.4\,1 \\ \hline \end{array}$$

20
$$\begin{array}{r} 9.8\,2 \\ \times\ 7.0\,3 \\ \hline \end{array}$$

⏰ 빈 곳에 알맞은 수를 써넣으시오. (1~12)

1 1.2 → ×2.8 →

2 3.2 → ×4.1 →

3 5.7 → ×2.3 →

4 7.1 → ×1.8 →

5 2.07 → ×1.5 →

6 6.4 → ×2.12 →

7 3.15 → ×1.2 →

8 1.8 → ×2.04 →

9 5.74 → ×1.3 →

10 4.9 → ×2.71 →

11 3.15 → ×2.27 →

12 3.24 → ×3.57 →

계산은 빠르고 정확하게!

걸린 시간	1~12분	12~18분	18~24분
맞은 개수	18~20개	14~17개	1~13개
평가	참 잘했어요.	잘했어요.	좀더 노력해요.

⏰ □ 안에 알맞은 수를 써넣으시오. (13 ~ 20)

13
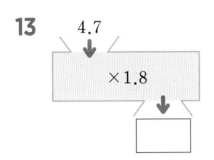

14
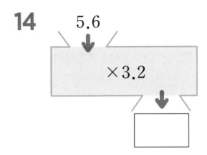

15
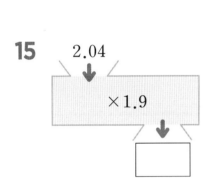

16
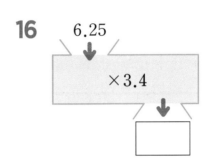

17
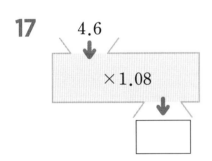

18
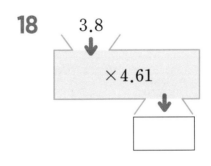

19
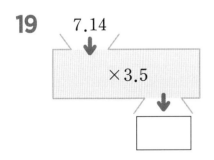

20
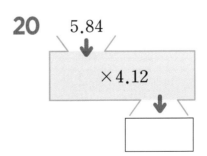

7 곱의 소수점의 위치 (1)

> ✿ (소수)×10, 100, 1000 알아보기
>
> 곱하는 수의 0의 개수만큼 곱의 소수점이 오른쪽으로 옮겨집니다.
>
> $1.34 \times 10 = 13.4$ $1.34 \times 100 = 134$ $1.34 \times 1000 = 1340$
>
> 소수점을 옮길 자리가 없으면 0을 채우면서 옮깁니다.
>
> ✿ (자연수)×0.1, 0.01, 0.001 알아보기
>
> 곱하는 수의 소수점 아래 자리 수만큼 곱의 소수점이 왼쪽으로 옮겨집니다.
>
> $250 \times 0.1 = 25$ $250 \times 0.01 = 2.5$ $250 \times 0.001 = 0.250$
>
> 소수점 아래 끝자리 0은 생략합니다.
>
> ✿ 곱의 소수점의 위치 알아보기
>
> 곱하는 두 수의 소수점 아래 자리 수를 더한 것과 결과값의 소수점 아래 자리 수가 같습니다.
>
> $7 \times 8 = 56$ ➡ $0.7 \times 0.8 = 0.56$, $0.07 \times 0.8 = 0.056$

🕐 ☐ 안에 알맞은 수를 써넣으시오. (1~4)

1 $3.57 \times 10 = \dfrac{\boxed{}}{100} \times 10 = \dfrac{\boxed{}}{100} = \boxed{}$

2 $2.98 \times 100 = \dfrac{\boxed{}}{100} \times 100 = \dfrac{\boxed{}}{100} = \boxed{}$

3 $3.697 \times 100 = \dfrac{\boxed{}}{1000} \times 100 = \dfrac{\boxed{}}{1000} = \boxed{}$

4 $5.413 \times 1000 = \dfrac{\boxed{}}{1000} \times 1000 = \dfrac{\boxed{}}{1000} = \boxed{}$

⏰ 계산을 하시오. (5~14)

5 6.9×10
6.9×100
6.9×1000

6 10×8.2
100×8.2
1000×8.2

7 2.48×10
2.48×100
2.48×1000

8 10×5.89
100×5.89
1000×5.89

9 11.48×10
11.48×100
11.48×1000

10 10×26.08
100×26.08
1000×26.08

11 2.146×10
2.146×100
2.146×1000

12 10×1.023
100×1.023
1000×1.023

13 5.986×10
5.986×100
5.986×1000

14 10×6.278
100×6.278
1000×6.278

곱의 소수점의 위치 (2)

🕐 □ 안에 알맞은 수를 써넣으시오. (1 ~ 12)

1 $38 \times 0.1 = 38 \times \dfrac{1}{\boxed{}}$

$= \dfrac{38}{\boxed{}} = \boxed{}$

2 $42 \times 0.1 = 42 \times \dfrac{1}{\boxed{}}$

$= \dfrac{42}{\boxed{}} = \boxed{}$

3 $159 \times 0.1 = 159 \times \dfrac{1}{\boxed{}}$

$= \dfrac{159}{\boxed{}} = \boxed{}$

4 $108 \times 0.1 = 108 \times \dfrac{1}{\boxed{}}$

$= \dfrac{108}{\boxed{}} = \boxed{}$

5 $294 \times 0.01 = 294 \times \dfrac{1}{\boxed{}}$

$= \dfrac{294}{\boxed{}} = \boxed{}$

6 $326 \times 0.01 = 326 \times \dfrac{1}{\boxed{}}$

$= \dfrac{326}{\boxed{}} = \boxed{}$

7 $672 \times 0.01 = 672 \times \dfrac{1}{\boxed{}}$

$= \dfrac{672}{\boxed{}} = \boxed{}$

8 $405 \times 0.01 = 405 \times \dfrac{1}{\boxed{}}$

$= \dfrac{405}{\boxed{}} = \boxed{}$

9 $1586 \times 0.01 = 1586 \times \dfrac{1}{\boxed{}}$

$= \dfrac{1586}{\boxed{}} = \boxed{}$

10 $623 \times 0.001 = 623 \times \dfrac{1}{\boxed{}}$

$= \dfrac{623}{\boxed{}} = \boxed{}$

11 $2468 \times 0.001 = 2468 \times \dfrac{1}{\boxed{}}$

$= \dfrac{2468}{\boxed{}} = \boxed{}$

12 $9725 \times 0.001 = 9725 \times \dfrac{1}{\boxed{}}$

$= \dfrac{9725}{\boxed{}} = \boxed{}$

계산은 빠르고 정확하게!

⏰ 계산을 하시오. (13 ~ 22)

13
15×0.1
15×0.01
15×0.001

14
0.1×46
0.01×46
0.001×46

15
98×0.1
98×0.01
98×0.001

16
0.1×69
0.01×69
0.001×69

17
486×0.1
486×0.01
486×0.001

18
0.1×629
0.01×629
0.001×629

19
815×0.1
815×0.01
815×0.001

20
0.1×918
0.01×918
0.001×918

21
5942×0.1
5942×0.01
5942×0.001

22
0.1×8643
0.01×8643
0.001×8643

7 곱의 소수점의 위치 (3)

학습 날짜

월 일

🕐 주어진 식을 보고 ☐ 안에 알맞은 수를 써넣으시오. (1~8)

1

$$4 \times 18 = 72$$

$0.4 \times 1.8 = $ ☐

$0.4 \times 0.18 = $ ☐

$0.04 \times 1.8 = $ ☐

2

$$39 \times 6 = 234$$

$3.9 \times 0.6 = $ ☐

$0.39 \times 0.6 = $ ☐

$3.9 \times 0.06 = $ ☐

3

$$9 \times 76 = 684$$

$0.9 \times 7.6 = $ ☐

$0.9 \times 0.76 = $ ☐

$0.09 \times 0.76 = $ ☐

4

$$86 \times 7 = 602$$

$8.6 \times 0.7 = $ ☐

$0.86 \times 0.7 = $ ☐

$0.86 \times 0.07 = $ ☐

5

$$26 \times 38 = 988$$

$2.6 \times 3.8 = $ ☐

$2.6 \times 0.38 = $ ☐

$0.26 \times 3.8 = $ ☐

6

$$58 \times 41 = 2378$$

$5.8 \times 4.1 = $ ☐

$0.58 \times 4.1 = $ ☐

$0.58 \times 0.41 = $ ☐

7

$$62 \times 29 = 1798$$

$6.2 \times 2.9 = $ ☐

$6.2 \times 0.29 = $ ☐

$6.2 \times 0.029 = $ ☐

8

$$87 \times 63 = 5481$$

$8.7 \times 6.3 = $ ☐

$8.7 \times 0.63 = $ ☐

$0.87 \times 6.3 = $ ☐

🕐 주어진 식을 보고 □ 안에 알맞은 수를 써넣으시오. (9 ~ 16)

9

$$247 \times 15 = 3705$$

$2.47 \times 1.5 = \boxed{}$

$24.7 \times 1.5 = \boxed{}$

$2.47 \times 15 = \boxed{}$

10

$$42 \times 184 = 7728$$

$4.2 \times 1.84 = \boxed{}$

$4.2 \times 18.4 = \boxed{}$

$0.42 \times 1.84 = \boxed{}$

11

$$226 \times 11 = 2486$$

$2.26 \times 1.1 = \boxed{}$

$22.6 \times 1.1 = \boxed{}$

$2.26 \times 0.11 = \boxed{}$

12

$$67 \times 215 = 14405$$

$6.7 \times 215 = \boxed{}$

$6.7 \times 2.15 = \boxed{}$

$0.67 \times 2.15 = \boxed{}$

13

$$369 \times 47 = 17343$$

$36.9 \times 4.7 = \boxed{}$

$3.69 \times 4.7 = \boxed{}$

$3.69 \times 0.47 = \boxed{}$

14

$$87 \times 341 = 29667$$

$87 \times 3.41 = \boxed{}$

$8.7 \times 34.1 = \boxed{}$

$0.87 \times 3.41 = \boxed{}$

15

$$4.12 \times 27 = 111.24$$

$4.12 \times 2.7 = \boxed{}$

$41.2 \times 27 = \boxed{}$

$41.2 \times 2.7 = \boxed{}$

16

$$649 \times 3.6 = 2336.4$$

$64.9 \times 3.6 = \boxed{}$

$6.49 \times 3.6 = \boxed{}$

$6.49 \times 0.36 = \boxed{}$

8 신기한 연산

1 다음을 보고, 0.3을 24번 곱한 수의 소수점 아래 24번째 자리의 숫자를 구하시오.

$$0.3 = 0.3$$
$$0.3 \times 0.3 = 0.09$$
$$0.3 \times 0.3 \times 0.3 = 0.027$$
$$0.3 \times 0.3 \times 0.3 \times 0.3 = 0.0081$$
$$0.3 \times 0.3 \times 0.3 \times 0.3 \times 0.3 = 0.00243$$
$$\vdots$$

0.3을 한 번씩 더 곱할 때마다 소수점 아래 마지막 숫자가 3, 9, ▢, ▢로 ▢개씩 반복됩니다. 따라서 24÷▢=▢이므로 소수점 아래 24번째 자리의 숫자는 ▢입니다.

2 다음을 보고, 0.8을 45번 곱한 수의 소수점 아래 45번째 자리의 숫자를 구하시오.

$$0.8 = 0.8$$
$$0.8 \times 0.8 = 0.64$$
$$0.8 \times 0.8 \times 0.8 = 0.512$$
$$0.8 \times 0.8 \times 0.8 \times 0.8 = 0.4096$$
$$0.8 \times 0.8 \times 0.8 \times 0.8 \times 0.8 = 0.32768$$
$$\vdots$$

0.8을 한 번씩 더 곱할 때마다 소수점 아래 마지막 숫자가 ▢, ▢, ▢, ▢으로 ▢개씩 반복됩니다. 따라서 45÷▢=▢ … ▢이므로 소수점 아래 45번째 자리의 숫자는 ▢입니다.

화살표가 다음과 같은 규칙을 가지고 있습니다. 규칙에 맞게 빈칸에 알맞은 수를 써넣으시오.

(3~6)

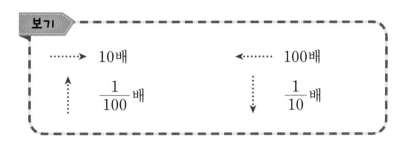

3

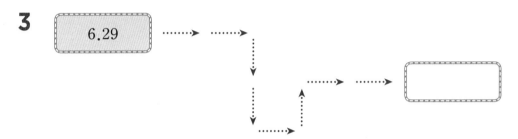

4

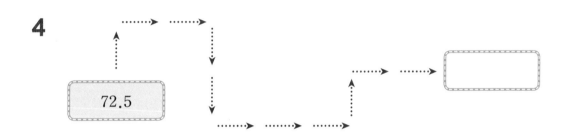

5

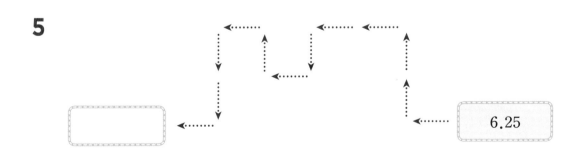

6

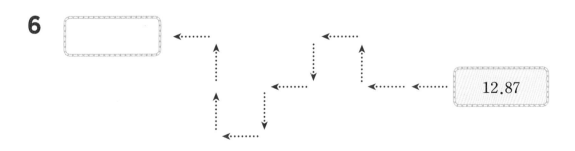

확인 평가

🕐 계산을 하시오. (1~16)

1 0.7×6

2 9×0.2

3 0.64×7

4 8×0.79

5 1.9×5

6 4×0.86

7 1.47×12

8 18×2.08

9 5.14×23

10 16×3.14

11
$$\begin{array}{r} 0.9\,6 \\ \times \quad 1\,2 \\ \hline \end{array}$$

12
$$\begin{array}{r} 3.5\,4 \\ \times \quad 2\,1 \\ \hline \end{array}$$

13
$$\begin{array}{r} 5.1\,2 \\ \times \quad 1\,8 \\ \hline \end{array}$$

14
$$\begin{array}{r} 1\,4 \\ \times \quad 0.5\,6 \\ \hline \end{array}$$

15
$$\begin{array}{r} 3\,2 \\ \times \quad 1.0\,8 \\ \hline \end{array}$$

16
$$\begin{array}{r} 4\,1 \\ \times \quad 2.1\,5 \\ \hline \end{array}$$

⏰ 계산을 하시오. (17 ~ 32)

17 0.6×0.7

18 1.2×2.4

19 0.9×0.28

20 2.8×1.57

21 0.31×0.5

22 4.12×2.6

23 0.67×0.3

24 5.04×3.4

25 0.74×0.46

26 1.58×4.27

27
$$\begin{array}{r} 0.4\ 2 \\ \times\quad 0.8 \\ \hline \end{array}$$

28
$$\begin{array}{r} 0.6\ 7 \\ \times\quad 0.9 \\ \hline \end{array}$$

29
$$\begin{array}{r} 0.9\ 2 \\ \times\ 0.1\ 6 \\ \hline \end{array}$$

30
$$\begin{array}{r} 1.6\ 9 \\ \times\quad 2.5 \\ \hline \end{array}$$

31
$$\begin{array}{r} 4.7\ 6 \\ \times\quad 3.1 \\ \hline \end{array}$$

32
$$\begin{array}{r} 1.5\ 6 \\ \times\ 3.2\ 4 \\ \hline \end{array}$$

🕐 계산을 하시오. (33 ~ 38)

33 0.769×10
0.769×100
0.769×1000

34 245×0.1
245×0.01
245×0.001

35 6.87×10
6.87×100
6.87×1000

36 1079×0.1
1079×0.01
1079×0.001

37 24.98×10
24.98×100
24.98×1000

38 5679×0.1
5679×0.01
5679×0.001

🕐 주어진 식을 보고 ☐ 안에 알맞은 수를 써넣으시오. (39 ~ 40)

39
$98 \times 74 = 7252$

$9.8 \times 7.4 = \boxed{}$

$9.8 \times 0.74 = \boxed{}$

$0.98 \times 7.4 = \boxed{}$

$0.98 \times 0.74 = \boxed{}$

40
$465 \times 29 = 13485$

$46.5 \times 2.9 = \boxed{}$

$4.65 \times 2.9 = \boxed{}$

$46.5 \times 0.29 = \boxed{}$

$4.65 \times 0.29 = \boxed{}$

Memo

Memo

초등 수학의 기본은 연산력!!

신기한 연산왕

정답 E-2 초5 수준

정답

정답

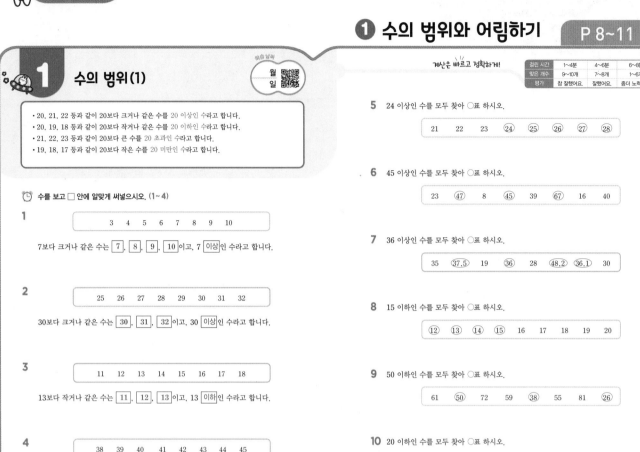

1　수의 범위 (1)

월
일

- 20, 21, 22 등과 같이 20보다 크거나 같은 수를 20 이상인 수라고 합니다.
- 20, 19, 18 등과 같이 20보다 작거나 같은 수를 20 이하인 수라고 합니다.
- 21, 22, 23 등과 같이 20보다 큰 수를 20 초과인 수라고 합니다.
- 19, 18, 17 등과 같이 20보다 작은 수를 20 미만인 수라고 합니다.

🕐 수를 보고 □ 안에 알맞게 써넣으시오. (1~4)

1

3　4　5　6　7　8　9　10

7보다 크거나 같은 수는 7 , 8 , 9 , 10 이고, 7 이상 인 수라고 합니다.

2

25　26　27　28　29　30　31　32

30보다 크거나 같은 수는 30 , 31 , 32 이고, 30 이상 인 수라고 합니다.

3

11　12　13　14　15　16　17　18

13보다 작거나 같은 수는 11 , 12 , 13 이고, 13 이하 인 수라고 합니다.

4

38　39　40　41　42　43　44　45

41보다 작거나 같은 수는 38 , 39 , 40 , 41 이고, 41 이하 인 수라고 합니다.

계산은 빠르고 정확하게!

걸린 시간	1~4분	4~6분	6~8분
맞은 개수	9~10개	7~8개	1~6개
평가	참 잘했어요.	잘했어요.	좀더 노력해요.

5 24 이상인 수를 모두 찾아 ◯표 하시오.

21　22　23　㉔　㉕　㉖　㉗　㉘

6 45 이상인 수를 모두 찾아 ◯표 하시오.

23　㊼　8　㊺　39　㊿이 아닌 ⓺⑦　16　40

7 36 이상인 수를 모두 찾아 ◯표 하시오.

35　㊲.5　19　㊱　28　㊽.2　㊱.1　30

8 15 이하인 수를 모두 찾아 ◯표 하시오.

⑫　⑬　⑭　⑮　16　17　18　19　20

9 50 이하인 수를 모두 찾아 ◯표 하시오.

61　㊿　72　59　㊳　55　81　㉖

10 20 이하인 수를 모두 찾아 ◯표 하시오.

⑲.7　28　⑮　20.4　25　⑨　⑳　30.7

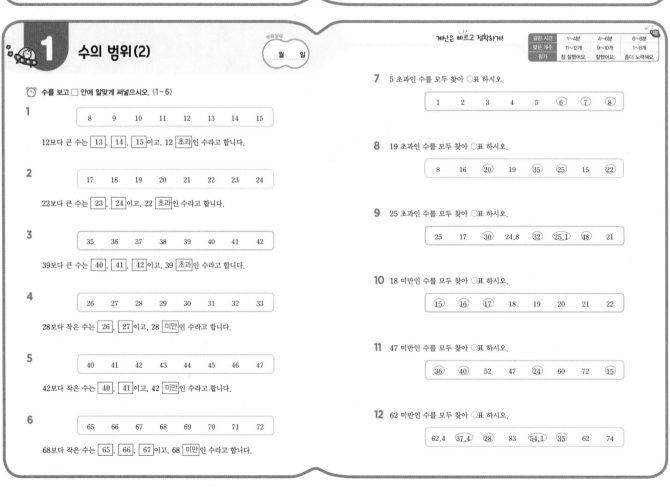

1　수의 범위 (2)

월　일

🕐 수를 보고 □ 안에 알맞게 써넣으시오. (1~6)

1

8　9　10　11　12　13　14　15

12보다 큰 수는 13 , 14 , 15 이고, 12 초과 인 수라고 합니다.

2

17　18　19　20　21　22　23　24

22보다 큰 수는 23 , 24 이고, 22 초과 인 수라고 합니다.

3

35　36　37　38　39　40　41　42

39보다 큰 수는 40 , 41 , 42 이고, 39 초과 인 수라고 합니다.

4

26　27　28　29　30　31　32　33

28보다 작은 수는 26 , 27 이고, 28 미만 인 수라고 합니다.

5

40　41　42　43　44　45　46　47

42보다 작은 수는 40 , 41 이고, 42 미만 인 수라고 합니다.

6

65　66　67　68　69　70　71　72

68보다 작은 수는 65 , 66 , 67 이고, 68 미만 인 수라고 합니다.

계산은 빠르고 정확하게!

걸린 시간	1~4분	4~6분	6~8분
맞은 개수	11~12개	9~10개	1~8개
평가	참 잘했어요.	잘했어요.	좀더 노력해요.

7 5 초과인 수를 모두 찾아 ◯표 하시오.

1　2　3　4　5　⑥　⑦　⑧

8 19 초과인 수를 모두 찾아 ◯표 하시오.

8　16　⑳　19　㉟　㉕　15　㉒

9 25 초과인 수를 모두 찾아 ◯표 하시오.

25　17　㉚　24.8　㉜　㉕.1　㊽　21

10 18 미만인 수를 모두 찾아 ◯표 하시오.

⑮　⑯　⑰　18　19　20　21　22

11 47 미만인 수를 모두 찾아 ◯표 하시오.

㊱　㊵　52　47　㉔　60　72　⑮

12 62 미만인 수를 모두 찾아 ◯표 하시오.

62.4　㊲.4　㉘　83　㊴.1　㉟　62　74

1 수의 범위(3)

학습 날짜 월 일

계산은 빠르고 정확하게!

걸린 시간	1~4분	4~6분	6~8분
맞은 개수	11~12개	9~10개	1~8개
평가	참 잘했어요.	잘했어요.	좀더 노력해요.

1 13 이상 16 이하인 수를 모두 찾아 ○표 하시오.

11 12 ⑬ ⑭ ⑮ ⑯ 17 18

2 27 이상 38 이하인 수를 모두 찾아 ○표 하시오.

39 ㉗ 48 ㉜ 19 ㉟ ㊳ 42

3 63 이상 72 이하인 수를 모두 찾아 ○표 하시오.

(69) 58 (63) 73 (70) 82 62 (65)

4 44 초과 48 미만인 수를 모두 찾아 ○표 하시오.

43 44 ㊺ ㊻ ㊼ 48 49 50

5 50 초과 60 미만인 수를 모두 찾아 ○표 하시오.

50 (57) 62 71 (53) 60 (59) 48

6 31 초과 49 미만인 수를 모두 찾아 ○표 하시오.

㊵ 58 31 ㊲ 29 49 50 ㊻

7 32 이상 35 미만인 수를 모두 찾아 ○표 하시오.

30 31 ㉜ ㉝ ㉞ 35 36 37

8 40 이상 50 미만인 수를 모두 찾아 ○표 하시오.

29 ㊵ 37 ㊼ 52 ㊺ 50 ㊸

9 65 이상 80 미만인 수를 모두 찾아 ○표 하시오.

92 (78) 80 58 60 (65) (72) 85

10 30 초과 34 이하인 수를 모두 찾아 ○표 하시오.

28 29 30 ㉛ ㉜ ㉝ ㉞ 35

11 50 초과 60 이하인 수를 모두 찾아 ○표 하시오.

48 (57) 50 (58) 72 (60) 64 (55)

12 72 초과 85 이하인 수를 모두 찾아 ○표 하시오.

(85) 70 (77) (73) 86 (80) 72 88

2 수의 범위를 수직선에 나타내기(1)

학습 날짜 월 일

계산은 빠르고 정확하게!

걸린 시간	1~3분	3~5분	5~7분
맞은 개수	9~10개	7~8개	1~6개
평가	참 잘했어요.	잘했어요.	좀더 노력해요.

• 수의 범위를 수직선 위에 다음과 같이 나타냅니다.

5 이상 8 이하인 수

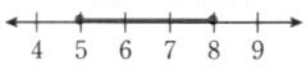
4 5 6 7 8 9

4 이상 7 미만인 수

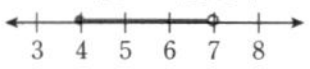
3 4 5 6 7 8

3 초과 6 이하인 수

2 3 4 5 6 7

2 초과 5 미만인 수

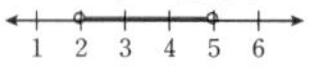
1 2 3 4 5 6

• 주어진 수가 포함되는 이상과 이하는 점 ●을 사용하고, 주어진 수가 포함되지 않는 초과와 미만은 점 ○을 사용합니다.

수직선에 나타낸 수의 범위를 쓰시오. (1~4)

1

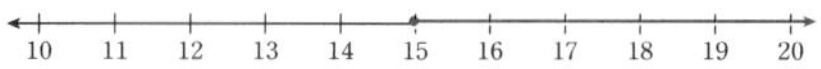
10 11 12 13 14 15 16 17 18 19 20

(15 이상인 수)

2

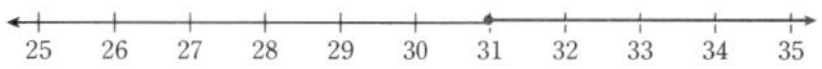
25 26 27 28 29 30 31 32 33 34 35

(31 이상인 수)

3

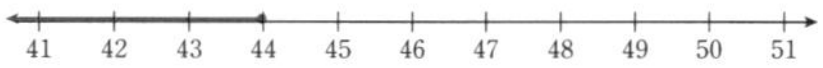
41 42 43 44 45 46 47 48 49 50 51

(44 이하인 수)

4

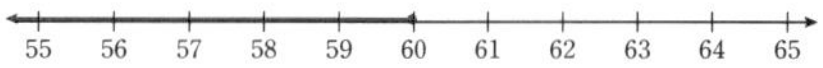
55 56 57 58 59 60 61 62 63 64 65

(60 이하인 수)

수의 범위를 수직선에 나타내어 보시오. (5~10)

5 12 이상인 수

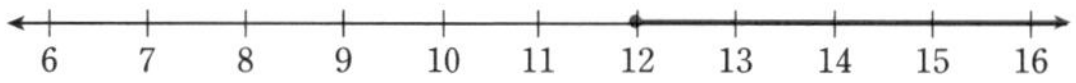
6 7 8 9 10 11 12 13 14 15 16

6 25 이상인 수

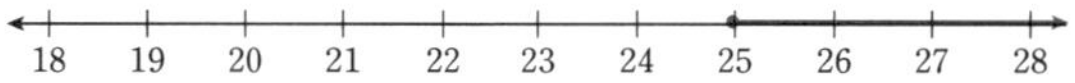
18 19 20 21 22 23 24 25 26 27 28

7 32 이상인 수

27 28 29 30 31 32 33 34 35 36 37

8 19 이하인 수

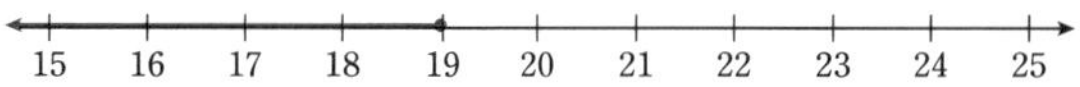
15 16 17 18 19 20 21 22 23 24 25

9 64 이하인 수

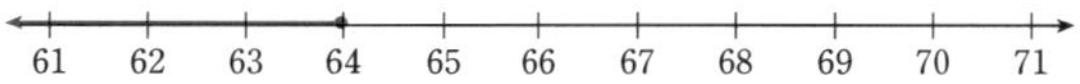
61 62 63 64 65 66 67 68 69 70 71

10 58 이하인 수

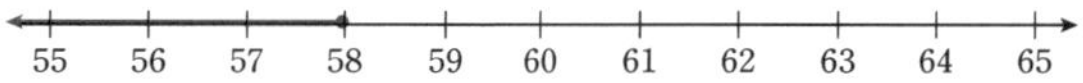
55 56 57 58 59 60 61 62 63 64 65

2 수의 범위를 수직선에 나타내기(2)

월 일

계산은 빠르고 정확하게!

걸린 시간	1~3분	3~5분	5~7분
맞은 개수	11~12개	9~10개	1~8개
평가	참 잘했어요.	잘했어요.	좀더 노력해요.

⏰ 수직선에 나타낸 수의 범위를 쓰시오. (1~6)

1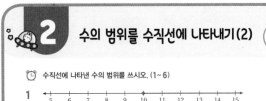
(10 초과인 수)

2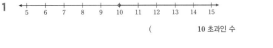
(27 초과인 수)

3
(61 초과인 수)

4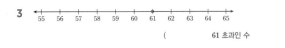
(42 미만인 수)

5
(46 미만인 수)

6
(75 미만인 수)

⏰ 수의 범위를 수직선에 나타내어 보시오. (7~12)

7 24 초과인 수
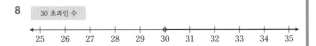

8 30 초과인 수
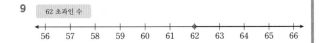

9 62 초과인 수
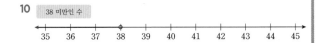

10 38 미만인 수
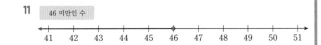

11 46 미만인 수
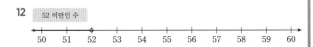

12 52 미만인 수

2 수의 범위를 수직선에 나타내기(3)

월 일

계산은 빠르고 정확하게!

걸린 시간	1~4분	4~6분	6~8분
맞은 개수	11~12개	9~10개	1~8개
평가	참 잘했어요.	잘했어요.	좀더 노력해요.

⏰ 수직선에 나타낸 수의 범위를 쓰시오. (1~6)

1
(4 이상 8 이하인 수)

2
(36 초과 41 미만인 수)

3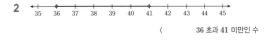
(75 이상 80 미만인 수)

4
(49 이상 53 미만인 수)

5
(69 초과 74 이하인 수)

6
(59 초과 66 이하인 수)

⏰ 수의 범위를 수직선에 나타내어 보시오. (7~12)

7 15 이상 18 이하인 수

8 26 초과 31 미만인 수
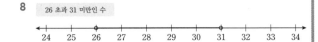

9 32 이상 35 미만인 수
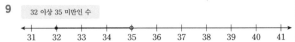

10 59 이상 63 미만인 수

11 12 초과 16 이하인 수

12 44 초과 47 이하인 수
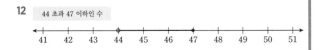

3 올림(1)

학습 날짜
월
일

- 304를 십의 자리까지 나타내기 위해서 십의 자리 아래 수인 4를 10으로 보고 310으로 나타낼 수 있습니다. 이와 같이 구하려는 자리 아래 수를 올려서 나타내는 방법을 올림이라고 합니다.
- 304는 십의 자리 아래 수를 올림하면 310, 백의 자리 아래 수를 올림하면 400이 됩니다.

□ 안에 알맞은 수를 써넣으시오. (1~3)

1
24678
- 십의 자리 아래 수를 올림하면 **24680** 입니다.
- 백의 자리 아래 수를 올림하면 **24700** 입니다.
- 천의 자리 아래 수를 올림하면 **25000** 입니다.
- 만의 자리 아래 수를 올림하면 **30000** 입니다.

2
13579
- 십의 자리 아래 수를 올림하면 **13580** 입니다.
- 백의 자리 아래 수를 올림하면 **13600** 입니다.
- 천의 자리 아래 수를 올림하면 **14000** 입니다.
- 만의 자리 아래 수를 올림하면 **20000** 입니다.

3
62584
- 십의 자리 아래 수를 올림하면 **62590** 입니다.
- 백의 자리 아래 수를 올림하면 **62600** 입니다.
- 천의 자리 아래 수를 올림하면 **63000** 입니다.
- 만의 자리 아래 수를 올림하면 **70000** 입니다.

계산은 빠르고 정확하게!

걸린 시간	1~6분	6~9분	9~12분
맞은 개수	7개	5~6개	1~4개
평가	참 잘했어요.	잘했어요.	좀더 노력해요.

□ 안에 알맞은 수를 써넣으시오. (4~7)

4
95284
- 십의 자리 아래 수를 올림하면 **95290** 입니다.
- 백의 자리 아래 수를 올림하면 **95300** 입니다.
- 천의 자리 아래 수를 올림하면 **96000** 입니다.
- 만의 자리 아래 수를 올림하면 **100000** 입니다.

5
72015
- 십의 자리 아래 수를 올림하면 **72020** 입니다.
- 백의 자리 아래 수를 올림하면 **72100** 입니다.
- 천의 자리 아래 수를 올림하면 **73000** 입니다.
- 만의 자리 아래 수를 올림하면 **80000** 입니다.

6
56987
- 십의 자리 아래 수를 올림하면 **56990** 입니다.
- 백의 자리 아래 수를 올림하면 **57000** 입니다.
- 천의 자리 아래 수를 올림하면 **57000** 입니다.
- 만의 자리 아래 수를 올림하면 **60000** 입니다.

7
12893
- 십의 자리 아래 수를 올림하면 **12900** 입니다.
- 백의 자리 아래 수를 올림하면 **12900** 입니다.
- 천의 자리 아래 수를 올림하면 **13000** 입니다.
- 만의 자리 아래 수를 올림하면 **20000** 입니다.

---

3 올림(2)

학습 날짜
월
일

수를 올림하여 주어진 자리까지 나타내시오. (1~14)

1 2458(십의 자리까지)
➡ (2460)

2 6012(십의 자리까지)
➡ (6020)

3 6239(백의 자리까지)
➡ (6300)

4 9657(백의 자리까지)
➡ (9700)

5 13285(백의 자리까지)
➡ (13300)

6 32681(백의 자리까지)
➡ (32700)

7 30528(천의 자리까지)
➡ (31000)

8 56984(천의 자리까지)
➡ (57000)

9 10965(천의 자리까지)
➡ (11000)

10 36984(천의 자리까지)
➡ (37000)

11 96587(만의 자리까지)
➡ (100000)

12 23698(만의 자리까지)
➡ (30000)

13 632541(만의 자리까지)
➡ (640000)

14 549872(만의 자리까지)
➡ (550000)

계산은 빠르고 정확하게!

걸린 시간	1~6분	6~9분	9~12분
맞은 개수	26~28개	20~25개	1~19개
평가	참 잘했어요.	잘했어요.	좀더 노력해요.

수를 올림하여 주어진 자리까지 나타내시오. (15~28)

15 5.78(일의 자리까지)
➡ (6)

16 8.02(일의 자리까지)
➡ (9)

17 12.39(일의 자리까지)
➡ (13)

18 41.39(일의 자리까지)
➡ (42)

19 3.867(소수 첫째 자리까지)
➡ (3.9)

20 5.367(소수 첫째 자리까지)
➡ (5.4)

21 4.768(소수 첫째 자리까지)
➡ (4.8)

22 11.036(소수 첫째 자리까지)
➡ (11.1)

23 1.238(소수 둘째 자리까지)
➡ (1.24)

24 3.652(소수 둘째 자리까지)
➡ (3.66)

25 0.967(소수 둘째 자리까지)
➡ (0.97)

26 63.287(소수 둘째 자리까지)
➡ (63.29)

27 1.3256(소수 셋째 자리까지)
➡ (1.326)

28 5.4036(소수 셋째 자리까지)
➡ (5.404)

3 올림(3)

학습 날짜 월 일

계산은 빠르고 정확하게!

걸린 시간	1~8분	8~12분	12~16분
맞은 개수	11~12개	9~10개	1~8개
평가	참 잘했어요.	잘했어요.	좀더 노력해요.

수를 올림하여 주어진 자리까지 나타내시오. (1~6)

1 56872 →

십의 자리까지	백의 자리까지	천의 자리까지	만의 자리까지
56880	56900	57000	60000

2 63258 →

십의 자리까지	백의 자리까지	천의 자리까지	만의 자리까지
63260	63300	64000	70000

3 132587 →

십의 자리까지	백의 자리까지	천의 자리까지	만의 자리까지
132590	132600	133000	140000

4 201258 →

십의 자리까지	백의 자리까지	천의 자리까지	만의 자리까지
201260	201300	202000	210000

5 369871 →

십의 자리까지	백의 자리까지	천의 자리까지	만의 자리까지
369880	369900	370000	370000

6 730067 →

십의 자리까지	백의 자리까지	천의 자리까지	만의 자리까지
730070	730100	731000	740000

수를 올림하여 주어진 자리까지 나타내시오. (7~12)

7 4.567 →

일의 자리까지	소수 첫째 자리까지	소수 둘째 자리까지
5	4.6	4.57

8 5.237 →

일의 자리까지	소수 첫째 자리까지	소수 둘째 자리까지
6	5.3	5.24

9 12.087 →

일의 자리까지	소수 첫째 자리까지	소수 둘째 자리까지
13	12.1	12.09

10 24.369 →

일의 자리까지	소수 첫째 자리까지	소수 둘째 자리까지
25	24.4	24.37

11 36.725 →

일의 자리까지	소수 첫째 자리까지	소수 둘째 자리까지
37	36.8	36.73

12 29.657 →

일의 자리까지	소수 첫째 자리까지	소수 둘째 자리까지
30	29.7	29.66

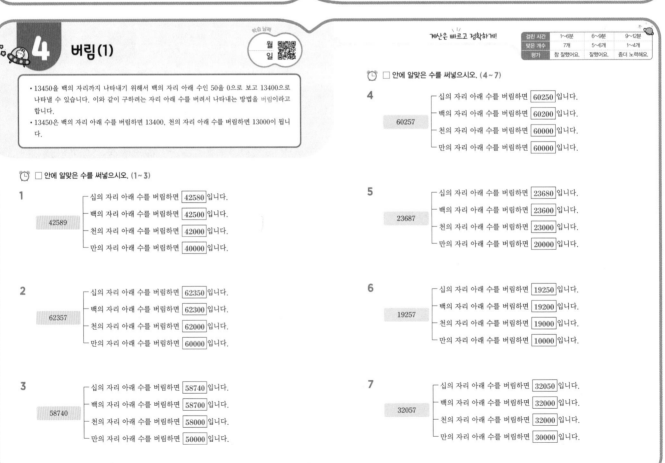

4 버림(1)

학습 날짜 월 일

- 13450을 백의 자리까지 나타내기 위해서 백의 자리 아래 수인 50을 0으로 보고 13400으로 나타낼 수 있습니다. 이와 같이 구하려는 자리 아래 수를 버려서 나타내는 방법을 버림이라고 합니다.
- 13450은 백의 자리 아래 수를 버림하면 13400, 천의 자리 아래 수를 버림하면 13000이 됩니다.

□ 안에 알맞은 수를 써넣으시오. (1~3)

1 42589
- 십의 자리 아래 수를 버림하면 42580 입니다.
- 백의 자리 아래 수를 버림하면 42500 입니다.
- 천의 자리 아래 수를 버림하면 42000 입니다.
- 만의 자리 아래 수를 버림하면 40000 입니다.

2 62357
- 십의 자리 아래 수를 버림하면 62350 입니다.
- 백의 자리 아래 수를 버림하면 62300 입니다.
- 천의 자리 아래 수를 버림하면 62000 입니다.
- 만의 자리 아래 수를 버림하면 60000 입니다.

3 58740
- 십의 자리 아래 수를 버림하면 58740 입니다.
- 백의 자리 아래 수를 버림하면 58700 입니다.
- 천의 자리 아래 수를 버림하면 58000 입니다.
- 만의 자리 아래 수를 버림하면 50000 입니다.

계산은 빠르고 정확하게!

걸린 시간	1~6분	6~9분	9~12분
맞은 개수	7개	5~6개	1~4개
평가	참 잘했어요.	잘했어요.	좀더 노력해요.

□ 안에 알맞은 수를 써넣으시오. (4~7)

4 60257
- 십의 자리 아래 수를 버림하면 60250 입니다.
- 백의 자리 아래 수를 버림하면 60200 입니다.
- 천의 자리 아래 수를 버림하면 60000 입니다.
- 만의 자리 아래 수를 버림하면 60000 입니다.

5 23687
- 십의 자리 아래 수를 버림하면 23680 입니다.
- 백의 자리 아래 수를 버림하면 23600 입니다.
- 천의 자리 아래 수를 버림하면 23000 입니다.
- 만의 자리 아래 수를 버림하면 20000 입니다.

6 19257
- 십의 자리 아래 수를 버림하면 19250 입니다.
- 백의 자리 아래 수를 버림하면 19200 입니다.
- 천의 자리 아래 수를 버림하면 19000 입니다.
- 만의 자리 아래 수를 버림하면 10000 입니다.

7 32057
- 십의 자리 아래 수를 버림하면 32050 입니다.
- 백의 자리 아래 수를 버림하면 32000 입니다.
- 천의 자리 아래 수를 버림하면 32000 입니다.
- 만의 자리 아래 수를 버림하면 30000 입니다.

4 버림(2)

월 일

⏰ 수를 버림하여 주어진 자리까지 나타내시오. (1~14)

1 4158(십의 자리까지)
➡ (4150)

2 5687(십의 자리까지)
➡ (5680)

3 6057(백의 자리까지)
➡ (6000)

4 8856(백의 자리까지)
➡ (8800)

5 13579(백의 자리까지)
➡ (13500)

6 85274(백의 자리까지)
➡ (85200)

7 65478(천의 자리까지)
➡ (65000)

8 30258(천의 자리까지)
➡ (30000)

9 87654(천의 자리까지)
➡ (87000)

10 45698(천의 자리까지)
➡ (45000)

11 20057(만의 자리까지)
➡ (20000)

12 68740(만의 자리까지)
➡ (60000)

13 620587(만의 자리까지)
➡ (620000)

14 524789(만의 자리까지)
➡ (520000)

⏰ 수를 버림하여 주어진 자리까지 나타내시오. (15~28)

15 4.23(일의 자리까지)
➡ (4)

16 5.08(일의 자리까지)
➡ (5)

17 15.25(일의 자리까지)
➡ (15)

18 24.68(일의 자리까지)
➡ (24)

19 5.267(소수 첫째 자리까지)
➡ (5.2)

20 3.127(소수 첫째 자리까지)
➡ (3.1)

21 3.587(소수 첫째 자리까지)
➡ (3.5)

22 12.137(소수 첫째 자리까지)
➡ (12.1)

23 3.129(소수 둘째 자리까지)
➡ (3.12)

24 4.057(소수 둘째 자리까지)
➡ (4.05)

25 51.369(소수 둘째 자리까지)
➡ (51.36)

26 62.358(소수 둘째 자리까지)
➡ (62.35)

27 5.4258(소수 셋째 자리까지)
➡ (5.425)

28 8.0274(소수 셋째 자리까지)
➡ (8.027)

---

4 버림(3)

월 일

⏰ 수를 버림하여 주어진 자리까지 나타내시오. (1~6)

1 12587 ➡

십의 자리까지	백의 자리까지	천의 자리까지	만의 자리까지
12580	12500	12000	10000

2 50147 ➡

십의 자리까지	백의 자리까지	천의 자리까지	만의 자리까지
50140	50100	50000	50000

3 63145 ➡

십의 자리까지	백의 자리까지	천의 자리까지	만의 자리까지
63140	63100	63000	60000

4 135682 ➡

십의 자리까지	백의 자리까지	천의 자리까지	만의 자리까지
135680	135600	135000	130000

5 201475 ➡

십의 자리까지	백의 자리까지	천의 자리까지	만의 자리까지
201470	201400	201000	200000

6 620360 ➡

십의 자리까지	백의 자리까지	천의 자리까지	만의 자리까지
620360	620300	620000	620000

⏰ 수를 버림하여 주어진 자리까지 나타내시오. (7~12)

7 2.369 ➡

일의 자리까지	소수 첫째 자리까지	소수 둘째 자리까지
2	2.3	2.36

8 6.298 ➡

일의 자리까지	소수 첫째 자리까지	소수 둘째 자리까지
6	6.2	6.29

9 4.257 ➡

일의 자리까지	소수 첫째 자리까지	소수 둘째 자리까지
4	4.2	4.25

10 10.369 ➡

일의 자리까지	소수 첫째 자리까지	소수 둘째 자리까지
10	10.3	10.36

11 12.527 ➡

일의 자리까지	소수 첫째 자리까지	소수 둘째 자리까지
12	12.5	12.52

12 24.681 ➡

일의 자리까지	소수 첫째 자리까지	소수 둘째 자리까지
24	24.6	24.68

5 반올림(1)

학습 날짜
월 일

- 구하려는 자리 바로 아래 자리의 숫자가 0, 1, 2, 3, 4이면 버리고, 5, 6, 7, 8, 9이면 올리는 방법을 반올림이라고 합니다.
  5보다 작은 숫자 / 5보다 크거나 같은 숫자
- 827을 일의 자리에서 반올림하면 830, 십의 자리에서 반올림하면 800이 됩니다.

🕐 □ 안에 알맞은 수를 써넣으시오. (1~3)

1
12584
- 반올림하여 십의 자리까지 나타내면 12580 입니다.
- 반올림하여 백의 자리까지 나타내면 12600 입니다.
- 반올림하여 천의 자리까지 나타내면 13000 입니다.
- 반올림하여 만의 자리까지 나타내면 10000 입니다.

2
23657
- 반올림하여 십의 자리까지 나타내면 23660 입니다.
- 반올림하여 백의 자리까지 나타내면 23700 입니다.
- 반올림하여 천의 자리까지 나타내면 24000 입니다.
- 반올림하여 만의 자리까지 나타내면 20000 입니다.

3
43659
- 반올림하여 십의 자리까지 나타내면 43660 입니다.
- 반올림하여 백의 자리까지 나타내면 43700 입니다.
- 반올림하여 천의 자리까지 나타내면 44000 입니다.
- 반올림하여 만의 자리까지 나타내면 40000 입니다.

계산은 빠르고 정확하게!

걸린 시간	1~6분	6~9분	9~12분
맞은 개수	7개	5~6개	1~4개
평가	참 잘했어요.	잘했어요.	좀더 노력해요.

🕐 □ 안에 알맞은 수를 써넣으시오. (4~7)

4
36987
- 반올림하여 십의 자리까지 나타내면 36990 입니다.
- 반올림하여 백의 자리까지 나타내면 37000 입니다.
- 반올림하여 천의 자리까지 나타내면 37000 입니다.
- 반올림하여 만의 자리까지 나타내면 40000 입니다.

5
60248
- 반올림하여 십의 자리까지 나타내면 60250 입니다.
- 반올림하여 백의 자리까지 나타내면 60200 입니다.
- 반올림하여 천의 자리까지 나타내면 60000 입니다.
- 반올림하여 만의 자리까지 나타내면 60000 입니다.

6
76250
- 반올림하여 십의 자리까지 나타내면 76250 입니다.
- 반올림하여 백의 자리까지 나타내면 76300 입니다.
- 반올림하여 천의 자리까지 나타내면 76000 입니다.
- 반올림하여 만의 자리까지 나타내면 80000 입니다.

7
24695
- 반올림하여 십의 자리까지 나타내면 24700 입니다.
- 반올림하여 백의 자리까지 나타내면 24700 입니다.
- 반올림하여 천의 자리까지 나타내면 25000 입니다.
- 반올림하여 만의 자리까지 나타내면 20000 입니다.

5 반올림(2)

학습 날짜
월 일

🕐 수를 반올림하여 주어진 자리까지 나타내시오. (1~14)

1 6327(십의 자리까지)
➡ (6330)

2 5234(십의 자리까지)
➡ (5230)

3 3618(백의 자리까지)
➡ (3600)

4 8467(백의 자리까지)
➡ (8500)

5 32587(백의 자리까지)
➡ (32600)

6 49108(백의 자리까지)
➡ (49100)

7 96324(천의 자리까지)
➡ (96000)

8 45219(천의 자리까지)
➡ (45000)

9 96874(천의 자리까지)
➡ (97000)

10 39587(천의 자리까지)
➡ (40000)

11 35457(만의 자리까지)
➡ (40000)

12 56987(만의 자리까지)
➡ (60000)

13 364970(만의 자리까지)
➡ (360000)

14 823478(만의 자리까지)
➡ (820000)

계산은 빠르고 정확하게!

걸린 시간	1~6분	6~9분	9~12분
맞은 개수	26~28개	20~25개	1~19개
평가	참 잘했어요.	잘했어요.	좀더 노력해요.

🕐 수를 반올림하여 주어진 자리까지 나타내시오. (15~28)

15 5.87(일의 자리까지)
➡ (6)

16 6.32(일의 자리까지)
➡ (6)

17 12.39(일의 자리까지)
➡ (12)

18 20.61(일의 자리까지)
➡ (21)

19 4.267(소수 첫째 자리까지)
➡ (4.3)

20 8.126(소수 첫째 자리까지)
➡ (8.1)

21 2.098(소수 첫째 자리까지)
➡ (2.1)

22 6.397(소수 첫째 자리까지)
➡ (6.4)

23 5.369(소수 둘째 자리까지)
➡ (5.37)

24 1.067(소수 둘째 자리까지)
➡ (1.07)

25 1.365(소수 둘째 자리까지)
➡ (1.37)

26 4.254(소수 둘째 자리까지)
➡ (4.25)

27 4.2587(소수 셋째 자리까지)
➡ (4.259)

28 2.3274(소수 셋째 자리까지)
➡ (2.327)

5 반올림 (3)

월 일

계산은 빠르고 정확하게!

걸린 시간	1~8분	8~12분	12~16분
맞은 개수	11~12개	9~10개	1~8개
평가	참 잘했어요.	잘했어요.	좀더 노력해요.

수를 반올림하여 주어진 자리까지 나타내시오. (1~6)

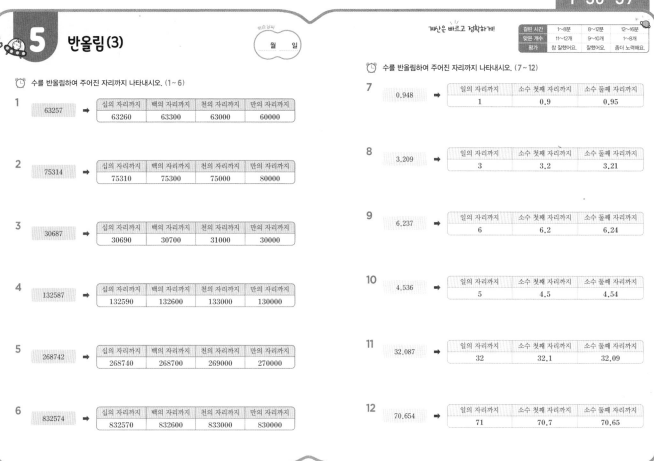

1 63257 ➡

십의 자리까지	백의 자리까지	천의 자리까지	만의 자리까지
63260	63300	63000	60000

2 75314 ➡

십의 자리까지	백의 자리까지	천의 자리까지	만의 자리까지
75310	75300	75000	80000

3 30687 ➡

십의 자리까지	백의 자리까지	천의 자리까지	만의 자리까지
30690	30700	31000	30000

4 132587 ➡

십의 자리까지	백의 자리까지	천의 자리까지	만의 자리까지
132590	132600	133000	130000

5 268742 ➡

십의 자리까지	백의 자리까지	천의 자리까지	만의 자리까지
268740	268700	269000	270000

6 832574 ➡

십의 자리까지	백의 자리까지	천의 자리까지	만의 자리까지
832570	832600	833000	830000

수를 반올림하여 주어진 자리까지 나타내시오. (7~12)

7 0.948 ➡

일의 자리까지	소수 첫째 자리까지	소수 둘째 자리까지
1	0.9	0.95

8 3.209 ➡

일의 자리까지	소수 첫째 자리까지	소수 둘째 자리까지
3	3.2	3.21

9 6.237 ➡

일의 자리까지	소수 첫째 자리까지	소수 둘째 자리까지
6	6.2	6.24

10 4.536 ➡

일의 자리까지	소수 첫째 자리까지	소수 둘째 자리까지
5	4.5	4.54

11 32.087 ➡

일의 자리까지	소수 첫째 자리까지	소수 둘째 자리까지
32	32.1	32.09

12 70.654 ➡

일의 자리까지	소수 첫째 자리까지	소수 둘째 자리까지
71	70.7	70.65

6 신기한 연산

월 일

계산은 빠르고 정확하게!

걸린 시간	1~8분	8~12분	12~16분
맞은 개수	9~10개	7~8개	1~6개
평가	참 잘했어요.	잘했어요.	좀더 노력해요.

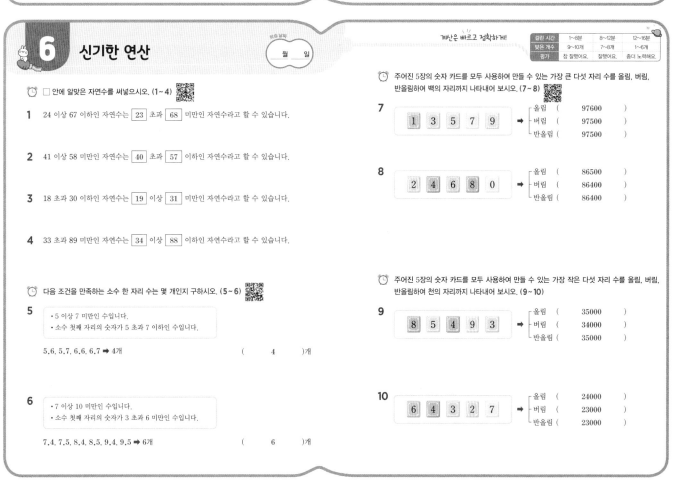

□ 안에 알맞은 자연수를 써넣으시오. (1~4)

1 24 이상 67 이하인 자연수는 23 초과 68 미만인 자연수라고 할 수 있습니다.

2 41 이상 58 미만인 자연수는 40 초과 57 이하인 자연수라고 할 수 있습니다.

3 18 초과 30 이하인 자연수는 19 이상 31 미만인 자연수라고 할 수 있습니다.

4 33 초과 89 미만인 자연수는 34 이상 88 이하인 자연수라고 할 수 있습니다.

다음 조건을 만족하는 소수 한 자리 수는 몇 개인지 구하시오. (5~6)

5
- 5 이상 7 미만인 수입니다.
- 소수 첫째 자리의 숫자가 5 초과 7 이하인 수입니다.

5.6, 5.7, 6.6, 6.7 ➡ 4개   (4)개

6
- 7 이상 10 미만인 수입니다.
- 소수 첫째 자리의 숫자가 3 초과 6 미만인 수입니다.

7.4, 7.5, 8.4, 8.5, 9.4, 9.5 ➡ 6개   (6)개

주어진 5장의 숫자 카드를 모두 사용하여 만들 수 있는 가장 큰 다섯 자리 수를 올림, 버림, 반올림하여 백의 자리까지 나타내어 보시오. (7~8)

7 [1] [3] [5] [7] [9] ➡
- 올림 (97600)
- 버림 (97500)
- 반올림 (97500)

8 [2] [4] [6] [8] [0] ➡
- 올림 (86500)
- 버림 (86400)
- 반올림 (86400)

주어진 5장의 숫자 카드를 모두 사용하여 만들 수 있는 가장 작은 다섯 자리 수를 올림, 버림, 반올림하여 천의 자리까지 나타내어 보시오. (9~10)

9 [8] [5] [4] [9] [3] ➡
- 올림 (35000)
- 버림 (34000)
- 반올림 (35000)

10 [6] [4] [3] [2] [7] ➡
- 올림 (24000)
- 버림 (23000)
- 반올림 (23000)

정답

 확인 평가

걸린 시간	1~10분	10~15분	15~20분
맞은 개수	15~16개	12~14개	1~11개
평가	참 잘했어요.	잘했어요.	좀더 노력해요.

1 48 이상 62 이하인 수를 모두 찾아 ○표 하시오.

36　㊄⑦　65　㊽　㊄⑤　76　㉒　80

2 27 초과 40 미만인 수를 모두 찾아 ○표 하시오.

㉟　51　27　㉙　43　40　㉜　㉚

3 56 이상 79 미만인 수를 모두 찾아 ○표 하시오.

81　㊄⑥　㉒　79　㊄⑤　㉀　92　49

4 75 초과 85 이하인 수를 모두 찾아 ○표 하시오.

㊹　75　66　㉘　91　88　㉗　㊄

5~8 수직선에 나타낸 수의 범위를 쓰시오. (5~8)

5
65 66 67 68 69 70 71 72 73 74 75

（　　67 이상 71 이하인 수　　）

6
49 50 51 52 53 54 55 56 57 58 59

（　　53 이상 58 미만인 수　　）

7
20 21 22 23 24 25 26 27 28 29 30

（　　23 초과 27 이하인 수　　）

8
89 90 91 92 93 94 95 96 97 98 99

（　　94 초과 99 미만인 수　　）

수의 범위를 수직선에 나타내어 보시오. (9~12)

9 12 이상 15 이하인 수
10 11 12 13 14 15 16 17 18 19 20

10 36 초과 41 미만인 수
33 34 35 36 37 38 39 40 41 42 43

11 46 이상 50 미만인 수
45 46 47 48 49 50 51 52 53 54 55

12 52 초과 56 이하인 수
47 48 49 50 51 52 53 54 55 56 57

 확인 평가 　크라운을 도전하세요!

13 □ 안에 알맞은 자연수를 써넣으시오.

52397
- 올림하여 백의 자리까지 나타내면 52400 입니다.
- 버림하여 천의 자리까지 나타내면 52000 입니다.
- 반올림하여 만의 자리까지 나타내면 50000 입니다.

14 수를 올림하여 주어진 자리까지 나타내시오.

수	십의 자리까지	백의 자리까지	천의 자리까지	만의 자리까지
25987	25990	26000	26000	30000
63214	63220	63300	64000	70000
50487	50490	50500	51000	60000

15 수를 버림하여 주어진 자리까지 나타내시오.

수	십의 자리까지	백의 자리까지	천의 자리까지	만의 자리까지
63258	63250	63200	63000	60000
10257	10250	10200	10000	10000
96587	96580	96500	96000	90000

16 수를 반올림하여 주어진 자리까지 나타내시오.

수	십의 자리까지	백의 자리까지	천의 자리까지	만의 자리까지
52370	52370	52400	52000	50000
40967	40970	41000	41000	40000
84523	84520	84500	85000	80000

크라운 온라인 평가 응시 방법

에듀왕닷컴 접속 www.eduwang.com
⊗
메인 상단 메뉴에서 단원평가 클릭
⊗
단계 및 단원 선택
⊗
온라인 단원평가 실시(30분 동안 평가 실시)
⊗
크라운 확인

각 단원평가를 통해 100점을 받으시면 크라운 1개를 드리며, 획득하신 크라운으로 에듀왕 닷컴에서 판매하고 있는 교재 및 서비스를 무료로 구매하실 수 있습니다.

(크라운 1개 - 1000원)

1 (진분수)×(자연수)(1)

월
일

▶ (단위분수)×(자연수)

$\frac{1}{5}\times3=\frac{1}{5}+\frac{1}{5}+\frac{1}{5}=\frac{1\times3}{5}=\frac{3}{5}$

➡ 단위분수의 분자와 자연수를 곱하여 계산합니다.

▶ (진분수)×(자연수)

• 곱을 구한 다음 약분하여 계산하기

$\frac{3}{4}\times6=\frac{3\times6}{4}=\frac{18}{4}=\frac{9}{2}=4\frac{1}{2}$

• 주어진 곱셈에서 바로 약분하여 계산하기

$\frac{3}{4}\times6=\frac{9}{2}=4\frac{1}{2}$

🕐 그림을 보고 □ 안에 알맞은 수를 써넣으시오. (1~2)

1

$\frac{1}{2}\times3=\frac{1}{2}+\frac{1}{2}+\frac{1}{2}=\frac{1\times\boxed{3}}{2}=\frac{3}{2}=\boxed{1\frac{1}{2}}$

2

$\frac{1}{5}\times4=\frac{1}{5}+\frac{1}{5}+\frac{1}{5}+\frac{1}{5}=\frac{1\times\boxed{4}}{5}=\boxed{\frac{4}{5}}$

걸린 시간	1~3분	3~5분	5~7분
맞은 개수	6개	5개	1~4개
평가	참 잘했어요.	잘했어요.	좀더 노력해요.

🕐 그림을 보고 □ 안에 알맞은 수를 써넣으시오. (3~6)

3

$\frac{2}{3}\times4=\frac{2\times\boxed{4}}{3}=\frac{\boxed{8}}{3}=\boxed{2\frac{2}{3}}$

4

$\frac{3}{4}\times3=\frac{3\times\boxed{3}}{4}=\frac{\boxed{9}}{4}=\boxed{2\frac{1}{4}}$

5

$\frac{2}{7}\times4=\frac{2\times\boxed{4}}{7}=\frac{\boxed{8}}{7}=\boxed{1\frac{1}{7}}$

6

$\frac{5}{8}\times3=\frac{5\times\boxed{3}}{8}=\frac{\boxed{15}}{8}=\boxed{1\frac{7}{8}}$

---

1 (진분수)×(자연수)(2)

월　일

🕐 □ 안에 알맞은 수를 써넣으시오. (1~12)

1 $\frac{1}{3}\times7=\frac{1\times\boxed{7}}{3}=\frac{\boxed{7}}{3}=\boxed{2\frac{1}{3}}$

2 $\frac{2}{3}\times5=\frac{2\times\boxed{5}}{3}=\frac{\boxed{10}}{3}=\boxed{3\frac{1}{3}}$

3 $\frac{1}{5}\times8=\frac{1\times\boxed{8}}{5}=\frac{\boxed{8}}{5}=\boxed{1\frac{3}{5}}$

4 $\frac{3}{5}\times4=\frac{3\times\boxed{4}}{5}=\frac{\boxed{12}}{5}=\boxed{2\frac{2}{5}}$

5 $\frac{5}{9}\times7=\frac{5\times\boxed{7}}{9}=\frac{\boxed{35}}{9}=\boxed{3\frac{8}{9}}$

6 $\frac{3}{7}\times6=\frac{3\times\boxed{6}}{7}=\frac{\boxed{18}}{7}=\boxed{2\frac{4}{7}}$

7 $\frac{5}{6}\times3=\frac{5\times\boxed{3}}{6}=\frac{\boxed{15}}{6}$
$=\frac{\boxed{5}}{2}=\boxed{2\frac{1}{2}}$

8 $\frac{4}{9}\times6=\frac{4\times\boxed{6}}{9}=\frac{\boxed{24}}{9}$
$=\frac{\boxed{8}}{3}=\boxed{2\frac{2}{3}}$

9 $\frac{3}{8}\times12=\frac{3\times\boxed{12}}{8}=\frac{\boxed{36}}{8}$
$=\frac{\boxed{9}}{2}=\boxed{4\frac{1}{2}}$

10 $\frac{9}{10}\times6=\frac{9\times\boxed{6}}{10}=\frac{\boxed{54}}{10}$
$=\frac{\boxed{27}}{5}=\boxed{5\frac{2}{5}}$

11 $\frac{7}{10}\times8=\frac{7\times\boxed{8}}{10}=\frac{\boxed{56}}{10}$
$=\frac{\boxed{28}}{5}=\boxed{5\frac{3}{5}}$

12 $\frac{5}{12}\times14=\frac{5\times\boxed{14}}{12}=\frac{\boxed{70}}{12}$
$=\frac{\boxed{35}}{6}=\boxed{5\frac{5}{6}}$

걸린 시간	1~8분	8~12분	12~16분
맞은 개수	26~28개	20~25개	1~19개
평가	참 잘했어요.	잘했어요.	좀더 노력해요.

🕐 계산을 하시오. (13~28)

13 $\frac{1}{6}\times8=1\frac{1}{3}$

14 $\frac{1}{9}\times12=1\frac{1}{3}$

15 $\frac{5}{8}\times3=1\frac{7}{8}$

16 $\frac{4}{7}\times6=3\frac{3}{7}$

17 $\frac{8}{15}\times12=6\frac{2}{5}$

18 $\frac{11}{18}\times3=1\frac{5}{6}$

19 $\frac{8}{21}\times14=5\frac{1}{3}$

20 $\frac{16}{27}\times9=5\frac{1}{3}$

21 $\frac{17}{30}\times15=8\frac{1}{2}$

22 $\frac{9}{14}\times6=3\frac{6}{7}$

23 $\frac{5}{12}\times16=6\frac{2}{3}$

24 $\frac{5}{28}\times21=3\frac{3}{4}$

25 $\frac{7}{16}\times24=10\frac{1}{2}$

26 $\frac{2}{25}\times30=2\frac{2}{5}$

27 $\frac{13}{36}\times45=16\frac{1}{4}$

28 $\frac{7}{18}\times24=9\frac{1}{3}$

 정답

 P 48~51

1 (진분수) × (자연수) (3)

월 일

 □ 안에 알맞은 수를 써넣으시오. (1~14)

1 $\dfrac{3}{4} \times 6 = \dfrac{3 \times \boxed{3} 6}{\boxed{2} 4} = \dfrac{\boxed{9}}{\boxed{2}} = \boxed{4\dfrac{1}{2}}$

2 $\dfrac{5}{6} \times \boxed{1} 3 = \dfrac{\boxed{5}}{\boxed{2} 2} = \boxed{2\dfrac{1}{2}}$

3 $\dfrac{7}{8} \times 6 = \dfrac{7 \times \boxed{3} 6}{\boxed{4} 8} = \dfrac{\boxed{21}}{\boxed{4}} = \boxed{5\dfrac{1}{4}}$

4 $\dfrac{4}{9} \times \boxed{1} 3 = \dfrac{\boxed{4}}{\boxed{3} 3} = \boxed{1\dfrac{1}{3}}$

5 $\dfrac{3}{10} \times 4 = \dfrac{3 \times \boxed{2} 4}{\boxed{5} 10} = \dfrac{\boxed{6}}{\boxed{5}} = \boxed{1\dfrac{1}{5}}$

6 $\dfrac{5}{12} \times \boxed{2} 8 = \dfrac{\boxed{10}}{\boxed{3} 3} = \boxed{3\dfrac{1}{3}}$

7 $\dfrac{7}{12} \times 6 = \dfrac{7 \times \boxed{1} 6}{\boxed{2} 12} = \dfrac{\boxed{7}}{\boxed{2}} = \boxed{3\dfrac{1}{2}}$

8 $\dfrac{8}{15} \times \boxed{2} 6 = \dfrac{\boxed{16}}{\boxed{5} 5} = \boxed{3\dfrac{1}{5}}$

9 $\dfrac{7}{10} \times 5 = \dfrac{7 \times \boxed{1} 5}{\boxed{2} 10} = \dfrac{\boxed{7}}{\boxed{2}} = \boxed{3\dfrac{1}{2}}$

10 $\dfrac{11}{14} \times \boxed{1} 7 = \dfrac{\boxed{11}}{\boxed{2} 2} = \boxed{5\dfrac{1}{2}}$

11 $\dfrac{11}{18} \times 4 = \dfrac{11 \times \boxed{2} 4}{\boxed{9} 18} = \dfrac{\boxed{22}}{\boxed{9}} = \boxed{2\dfrac{4}{9}}$

12 $\dfrac{7}{16} \times \boxed{1} 8 = \dfrac{\boxed{7}}{\boxed{2} 2} = \boxed{3\dfrac{1}{2}}$

13 $\dfrac{17}{20} \times 15 = \dfrac{17 \times \boxed{3} 15}{\boxed{4} 20} = \dfrac{\boxed{51}}{\boxed{4}} = \boxed{12\dfrac{3}{4}}$

14 $\dfrac{11}{24} \times \boxed{2} 16 = \dfrac{\boxed{22}}{\boxed{3} 3} = \boxed{7\dfrac{1}{3}}$

 계산은 빠르고 정확하게!

걸린 시간	1~8분	8~12분	12~16분
맞은 개수	27~30개	21~26개	1~20개
평가	참 잘했어요.	잘했어요.	좀더 노력해요.

⏰ 계산을 하시오. (15~30)

15 $\dfrac{3}{4} \times 10 = 7\dfrac{1}{2}$

16 $\dfrac{5}{8} \times 12 = 7\dfrac{1}{2}$

17 $\dfrac{7}{9} \times 15 = 11\dfrac{2}{3}$

18 $\dfrac{5}{6} \times 8 = 6\dfrac{2}{3}$

19 $\dfrac{3}{10} \times 6 = 1\dfrac{4}{5}$

20 $\dfrac{7}{16} \times 10 = 4\dfrac{3}{8}$

21 $\dfrac{7}{12} \times 8 = 4\dfrac{2}{3}$

22 $\dfrac{11}{14} \times 7 = 5\dfrac{1}{2}$

23 $\dfrac{9}{25} \times 10 = 3\dfrac{3}{5}$

24 $\dfrac{17}{36} \times 6 = 2\dfrac{5}{6}$

25 $\dfrac{19}{30} \times 20 = 12\dfrac{2}{3}$

26 $\dfrac{4}{45} \times 15 = 1\dfrac{1}{3}$

27 $\dfrac{15}{26} \times 13 = 7\dfrac{1}{2}$

28 $\dfrac{34}{81} \times 18 = 7\dfrac{5}{9}$

29 $\dfrac{13}{54} \times 27 = 6\dfrac{1}{2}$

30 $\dfrac{11}{63} \times 28 = 4\dfrac{8}{9}$

1 (진분수) × (자연수) (4)

월 일

⏰ 빈 곳에 알맞은 수를 써넣으시오. (1~10)

1 ⊗ : $\dfrac{1}{7}$ | 9 | $1\dfrac{2}{7}$

2 ⊗ : $\dfrac{1}{6}$ | 10 | $1\dfrac{2}{3}$

3 ⊗ : $\dfrac{4}{5}$ | 7 | $5\dfrac{3}{5}$

4 ⊗ : $\dfrac{5}{8}$ | 3 | $1\dfrac{7}{8}$

5 ⊗ : $\dfrac{9}{10}$ | 6 | $5\dfrac{2}{5}$

6 ⊗ : $\dfrac{4}{13}$ | 4 | $1\dfrac{3}{13}$

7 ⊗ : $\dfrac{11}{15}$ | 12 | $8\dfrac{4}{5}$

8 ⊗ : $\dfrac{11}{18}$ | 27 | $16\dfrac{1}{2}$

9 ⊗ : $\dfrac{13}{24}$ | 8 | $4\dfrac{1}{3}$

10 ⊗ : $\dfrac{15}{28}$ | 14 | $7\dfrac{1}{2}$

⏰ □ 안에 알맞은 수를 써넣으시오. (11~18)

걸린 시간	1~6분	6~9분	9~12분
맞은 개수	17~18개	13~16개	1~12개
평가	참 잘했어요.	잘했어요.	좀더 노력해요.

11 $\dfrac{7}{8}$ → ×3 → $2\dfrac{5}{8}$

12 $\dfrac{4}{9}$ → ×5 → $2\dfrac{2}{9}$

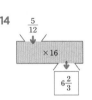

13 $\dfrac{9}{10}$ → ×5 → $4\dfrac{1}{2}$

14 $\dfrac{5}{12}$ → ×16 → $6\dfrac{2}{3}$

15 $\dfrac{9}{16}$ → ×20 → $11\dfrac{1}{4}$

16 $\dfrac{8}{21}$ → ×14 → $5\dfrac{1}{3}$

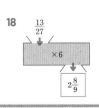

17 $\dfrac{5}{22}$ → ×11 → $2\dfrac{1}{2}$

18 $\dfrac{13}{27}$ → ×6 → $2\dfrac{8}{9}$

2 (대분수) × (자연수)(1)

월
일

방법① 대분수를 자연수 부분과 분수 부분으로 나누어 각각 자연수를 곱해 서로 더합니다.

$$1\frac{1}{4} \times 2 = \left(1+\frac{1}{4}\right) \times 2 = (1 \times 2) + \left(\frac{1}{4} \times \overset{1}{2}\right) = 2 + \frac{1}{2} = 2\frac{1}{2}$$

방법② 대분수를 가분수로 고친 후 분수의 분자와 자연수를 곱합니다.

$$1\frac{1}{4} \times 2 = \frac{5}{4} \times \overset{1}{2} = \frac{5}{2} = 2\frac{1}{2}$$

□ 안에 알맞은 수를 써넣으시오. (1~5)

1 $1\frac{2}{5} \times 3 = (1 \times \boxed{3}) + \left(\frac{2}{5} \times \boxed{3}\right) = \boxed{3} + 1\boxed{\dfrac{1}{5}} = \boxed{4\frac{1}{5}}$

2 $3\frac{3}{4} \times 2 = (3 \times \boxed{2}) + \left(\frac{3}{4} \times \boxed{2}\right) = \boxed{6} + 1\boxed{\dfrac{1}{2}} = \boxed{7\frac{1}{2}}$

3 $2\frac{2}{7} \times 4 = (2 \times \boxed{4}) + \left(\frac{2}{7} \times \boxed{4}\right) = \boxed{8} + 1\boxed{\dfrac{1}{7}} = \boxed{9\frac{1}{7}}$

4 $1\frac{7}{10} \times 5 = (1 \times \boxed{5}) + \left(\frac{7}{10} \times \boxed{5}\right) = \boxed{5} + 3\boxed{\dfrac{1}{2}} = \boxed{8\frac{1}{2}}$

5 $2\frac{5}{8} \times 6 = (2 \times \boxed{6}) + \left(\frac{5}{8} \times \boxed{6}\right) = \boxed{12} + 3\boxed{\dfrac{3}{4}} = \boxed{15\frac{3}{4}}$

계산은 빠르고 정확하게!

걸린 시간	1~7분	7~11분	11~14분
맞은 개수	19~21개	15~18개	1~14개
평가	참 잘했어요.	잘했어요.	좀더 노력해요.

계산을 하시오. (6~21)

6 $1\frac{1}{2} \times 3 = 4\frac{1}{2}$

7 $2\frac{2}{5} \times 3 = 7\frac{1}{5}$

8 $3\frac{1}{3} \times 4 = 13\frac{1}{3}$

9 $1\frac{3}{8} \times 4 = 5\frac{1}{2}$

10 $3\frac{1}{4} \times 3 = 9\frac{3}{4}$

11 $2\frac{5}{6} \times 2 = 5\frac{2}{3}$

12 $3\frac{7}{10} \times 2 = 7\frac{2}{5}$

13 $4\frac{5}{12} \times 3 = 13\frac{1}{4}$

14 $2\frac{2}{9} \times 18 = 40$

15 $3\frac{11}{15} \times 6 = 22\frac{2}{5}$

16 $7\frac{1}{5} \times 10 = 72$

17 $2\frac{1}{16} \times 12 = 24\frac{3}{4}$

18 $3\frac{3}{14} \times 4 = 12\frac{6}{7}$

19 $2\frac{5}{18} \times 4 = 9\frac{1}{9}$

20 $2\frac{3}{20} \times 24 = 51\frac{3}{5}$

21 $3\frac{11}{35} \times 14 = 46\frac{2}{5}$

---

2 (대분수) × (자연수)(2)

월
일

□ 안에 알맞은 수를 써넣으시오. (1~12)

1 $1\frac{1}{5} \times 2 = \frac{\boxed{6}}{5} \times 2 = \frac{\boxed{12}}{5} = \boxed{2\frac{2}{5}}$

2 $1\frac{1}{3} \times 4 = \frac{\boxed{4}}{3} \times 4 = \frac{\boxed{16}}{3} = \boxed{5\frac{1}{3}}$

3 $2\frac{3}{7} \times 3 = \frac{\boxed{17}}{7} \times 3 = \frac{\boxed{51}}{7} = \boxed{7\frac{2}{7}}$

4 $2\frac{2}{5} \times 3 = \frac{\boxed{12}}{5} \times 3 = \frac{\boxed{36}}{5} = \boxed{7\frac{1}{5}}$

5 $3\frac{1}{8} \times 5 = \frac{\boxed{25}}{8} \times 5 = \frac{\boxed{125}}{8} = \boxed{15\frac{5}{8}}$

6 $1\frac{4}{5} \times 4 = \frac{\boxed{9}}{5} \times 4 = \frac{\boxed{36}}{5} = \boxed{7\frac{1}{5}}$

7 $3\frac{1}{4} \times 2 = \frac{\boxed{13}}{4} \times 2 = \frac{13 \times \overset{1}{2}}{\underset{2}{4}} = \frac{13}{2}$
$= \boxed{6\frac{1}{2}}$

8 $2\frac{5}{6} \times 3 = \frac{\boxed{17}}{6} \times 3 = \frac{17 \times \overset{1}{3}}{\underset{2}{6}} = \frac{\boxed{17}}{\boxed{2}}$
$= \boxed{8\frac{1}{2}}$

9 $1\frac{5}{6} \times 9 = \frac{\boxed{11}}{6} \times 9 = \frac{11 \times \overset{3}{9}}{\underset{2}{6}} = \frac{\boxed{33}}{\boxed{2}}$
$= \boxed{16\frac{1}{2}}$

10 $3\frac{5}{8} \times 4 = \frac{\boxed{29}}{8} \times 4 = \frac{29 \times \overset{1}{4}}{\underset{2}{8}} = \frac{\boxed{29}}{\boxed{2}}$
$= \boxed{14\frac{1}{2}}$

11 $3\frac{4}{9} \times 3 = \frac{\boxed{31}}{9} \times 3 = \frac{31 \times \overset{1}{3}}{\underset{3}{9}} = \frac{\boxed{31}}{\boxed{3}}$
$= \boxed{10\frac{1}{3}}$

12 $2\frac{7}{10} \times 4 = \frac{\boxed{27}}{10} \times 4 = \frac{27 \times \overset{2}{4}}{\underset{5}{10}} = \frac{\boxed{54}}{\boxed{5}}$
$= \boxed{10\frac{4}{5}}$

계산은 빠르고 정확하게!

걸린 시간	1~8분	8~12분	12~16분
맞은 개수	26~28개	20~25개	1~19개
평가	참 잘했어요.	잘했어요.	좀더 노력해요.

계산을 하시오. (13~28)

13 $2\frac{1}{3} \times 4 = 9\frac{1}{3}$

14 $1\frac{2}{9} \times 3 = 3\frac{2}{3}$

15 $2\frac{3}{5} \times 4 = 10\frac{2}{5}$

16 $1\frac{5}{7} \times 2 = 3\frac{3}{7}$

17 $1\frac{5}{8} \times 5 = 8\frac{1}{8}$

18 $3\frac{1}{6} \times 4 = 12\frac{2}{3}$

19 $2\frac{3}{11} \times 3 = 6\frac{9}{11}$

20 $6\frac{1}{12} \times 3 = 18\frac{1}{4}$

21 $7\frac{1}{2} \times 10 = 75$

22 $4\frac{3}{10} \times 8 = 34\frac{2}{5}$

23 $2\frac{7}{12} \times 4 = 10\frac{1}{3}$

24 $1\frac{7}{15} \times 3 = 4\frac{2}{5}$

25 $3\frac{1}{16} \times 4 = 12\frac{1}{4}$

26 $1\frac{5}{12} \times 9 = 12\frac{3}{4}$

27 $2\frac{3}{26} \times 20 = 42\frac{4}{13}$

28 $5\frac{2}{45} \times 18 = 90\frac{4}{5}$

2 (대분수)×(자연수)(3)

 월 일

계산은 빠르고 정확하게!

걸린 시간	1~6분	6~9분	9~12분
맞은 개수	17~18개	13~16개	1~12개
평가	참 잘했어요.	잘했어요.	좀더 노력해요.

빈 곳에 알맞은 수를 써넣으시오. (1~10)

1 × $1\frac{3}{4}$ 3 $5\frac{1}{4}$

2 × $2\frac{1}{6}$ 4 $8\frac{2}{3}$

3 × $3\frac{1}{3}$ 4 $13\frac{1}{3}$

4 × $5\frac{3}{7}$ 2 $10\frac{6}{7}$

5 × $4\frac{1}{10}$ 3 $12\frac{3}{10}$

6 × $6\frac{1}{4}$ 4 25

7 × $3\frac{7}{12}$ 2 $7\frac{1}{6}$

8 × $1\frac{5}{18}$ 6 $7\frac{2}{3}$

9 × $2\frac{4}{15}$ 5 $11\frac{1}{3}$

10 × $1\frac{7}{12}$ 8 $12\frac{2}{3}$

□ 안에 알맞은 수를 써넣으시오. (11~18)

11 $5\frac{1}{4}$ ×2 $10\frac{1}{2}$

12 $2\frac{1}{6}$ ×3 $6\frac{1}{2}$

13 $3\frac{3}{8}$ ×3 $10\frac{1}{8}$

14 $2\frac{7}{9}$ ×4 $11\frac{1}{9}$

15 $3\frac{2}{3}$ ×5 $18\frac{1}{3}$

16 $2\frac{2}{11}$ ×2 $4\frac{4}{11}$

17 $5\frac{5}{12}$ ×2 $10\frac{5}{6}$

18 $2\frac{9}{16}$ ×12 $30\frac{3}{4}$

3 (자연수)×(진분수)(1)

 월 일

계산은 빠르고 정확하게!

걸린 시간	1~3분	3~5분	5~7분
맞은 개수	7개	5~6개	1~4개
평가	참 잘했어요.	잘했어요.	좀더 노력해요.

방법① 곱을 구한 다음 약분하여 계산합니다.

$6 \times \frac{2}{9} = \frac{6 \times 2}{9} = \frac{12}{9} = \frac{4}{3} = 1\frac{1}{3}$

방법② 주어진 곱셈에서 바로 약분하여 계산합니다.

$6 \times \frac{2}{9} = \frac{4}{3} = 1\frac{1}{3}$

그림을 보고 □ 안에 알맞은 수를 써넣으시오. (1~3)

1 6의 $\frac{1}{3}$

$6 \times \frac{2}{3} = \left(6 \times \frac{1}{3}\right) \times \boxed{2} = 2 \times \boxed{2} = \boxed{4}$

2 8의 $\frac{1}{4}$

$8 \times \frac{3}{4} = \left(8 \times \frac{1}{4}\right) \times \boxed{3} = 2 \times \boxed{3} = \boxed{6}$

3 9의 $\frac{1}{3}$

$9 \times \frac{2}{3} = \left(9 \times \frac{1}{3}\right) \times \boxed{2} = 3 \times \boxed{2} = \boxed{6}$

□ 안에 알맞은 수를 써넣으시오. (4~7)

4 4의 $\frac{1}{3}$

$4 \times \frac{2}{3} = \left(4 \times \frac{1}{3}\right) \times \boxed{2} = \frac{\boxed{4}}{3} \times \boxed{2} = \frac{\boxed{8}}{3} = 2\frac{2}{3}$

5 5의 $\frac{1}{3}$

$5 \times \frac{2}{3} = \left(5 \times \frac{1}{3}\right) \times \boxed{2} = \frac{\boxed{5}}{3} \times \boxed{2} = \frac{\boxed{10}}{3} = 3\frac{1}{3}$

6 3의 $\frac{1}{5}$

$3 \times \frac{4}{5} = \left(3 \times \frac{1}{5}\right) \times \boxed{4} = \frac{\boxed{3}}{5} \times \boxed{4} = \frac{\boxed{12}}{5} = 2\frac{2}{5}$

7 2의 $\frac{1}{6}$

$2 \times \frac{5}{6} = \left(2 \times \frac{1}{6}\right) \times \boxed{5} = \frac{\boxed{2}}{6} \times \boxed{5} = \frac{\boxed{10}}{6} = \frac{\boxed{5}}{3} = 1\frac{2}{3}$

3 (자연수) × (진분수) (2)

월   일

□ 안에 알맞은 수를 써넣으시오. (1~10)

1 $6 \times \dfrac{3}{4} = \dfrac{6 \times \boxed{3}}{4} = \dfrac{\boxed{18}}{4} = \dfrac{\boxed{9}}{2}$
　 $= \boxed{4\frac{1}{2}}$

2 $8 \times \dfrac{5}{6} = \dfrac{8 \times \boxed{5}}{6} = \dfrac{\boxed{40}}{6} = \dfrac{\boxed{20}}{3}$
　 $= \boxed{6\frac{2}{3}}$

3 $9 \times \dfrac{5}{6} = \dfrac{9 \times \boxed{5}}{6} = \dfrac{\boxed{45}}{6}$
　 $= \dfrac{\boxed{15}}{2} = \boxed{7\frac{1}{2}}$

4 $6 \times \dfrac{4}{9} = \dfrac{6 \times \boxed{4}}{9} = \dfrac{\boxed{24}}{9}$
　 $= \dfrac{\boxed{8}}{3} = \boxed{2\frac{2}{3}}$

5 $10 \times \dfrac{7}{8} = \dfrac{10 \times \boxed{7}}{8} = \dfrac{\boxed{70}}{8}$
　 $= \dfrac{\boxed{35}}{4} = \boxed{8\frac{3}{4}}$

6 $9 \times \dfrac{7}{12} = \dfrac{9 \times \boxed{7}}{12} = \dfrac{\boxed{63}}{12}$
　 $= \dfrac{\boxed{21}}{4} = \boxed{5\frac{1}{4}}$

7 $3 \times \dfrac{7}{9} = \dfrac{3 \times \boxed{7}}{9} = \dfrac{\boxed{21}}{9}$
　 $= \dfrac{\boxed{7}}{3} = \boxed{2\frac{1}{3}}$

8 $4 \times \dfrac{9}{10} = \dfrac{4 \times \boxed{9}}{10} = \dfrac{\boxed{36}}{10}$
　 $= \dfrac{\boxed{18}}{5} = \boxed{3\frac{3}{5}}$

9 $6 \times \dfrac{3}{4} = \dfrac{6 \times \boxed{3}}{4} = \dfrac{\boxed{18}}{4}$
　 $= \dfrac{\boxed{9}}{2} = \boxed{4\frac{1}{2}}$

10 $25 \times \dfrac{4}{15} = \dfrac{25 \times \boxed{4}}{15} = \dfrac{\boxed{100}}{15}$
　 $= \dfrac{\boxed{20}}{3} = \boxed{6\frac{2}{3}}$

⏰ 계산을 하시오. (11~26)

11 $5 \times \dfrac{3}{4} = 3\frac{3}{4}$　　12 $7 \times \dfrac{2}{5} = 2\frac{4}{5}$

13 $10 \times \dfrac{5}{6} = 8\frac{1}{3}$　　14 $8 \times \dfrac{3}{4} = 6$

15 $9 \times \dfrac{7}{12} = 5\frac{1}{4}$　　16 $6 \times \dfrac{5}{9} = 3\frac{1}{3}$

17 $14 \times \dfrac{4}{21} = 2\frac{2}{3}$　　18 $15 \times \dfrac{3}{10} = 4\frac{1}{2}$

19 $28 \times \dfrac{5}{14} = 10$　　20 $24 \times \dfrac{7}{18} = 9\frac{1}{3}$

21 $30 \times \dfrac{9}{20} = 13\frac{1}{2}$　　22 $36 \times \dfrac{5}{18} = 10$

23 $26 \times \dfrac{5}{12} = 10\frac{5}{6}$　　24 $35 \times \dfrac{13}{25} = 18\frac{1}{5}$

25 $45 \times \dfrac{4}{9} = 20$　　26 $77 \times \dfrac{3}{22} = 10\frac{1}{2}$

---

3 (자연수) × (진분수) (3)

월   일

□ 안에 알맞은 수를 써넣으시오. (1~14)

1 $\overset{3}{\underset{1}{9}} \times \dfrac{2}{3} = \boxed{6}$

2 $\overset{2}{\underset{1}{12}} \times \dfrac{5}{6} = \boxed{10}$

3 $\overset{4}{\underset{3}{8}} \times \dfrac{5}{6} = \dfrac{\boxed{20}}{3} = \boxed{6\frac{2}{3}}$

4 $\overset{1}{\underset{2}{4}} \times \dfrac{7}{8} = \dfrac{\boxed{7}}{2} = \boxed{3\frac{1}{2}}$

5 $\overset{5}{\underset{2}{10}} \times \dfrac{3}{4} = \dfrac{\boxed{15}}{2} = \boxed{7\frac{1}{2}}$

6 $\overset{3}{\underset{2}{12}} \times \dfrac{3}{8} = \dfrac{\boxed{9}}{2} = \boxed{4\frac{1}{2}}$

7 $\overset{4}{\underset{3}{12}} \times \dfrac{4}{9} = \dfrac{\boxed{16}}{3} = \boxed{5\frac{1}{3}}$

8 $\overset{4}{\underset{3}{24}} \times \dfrac{7}{18} = \dfrac{\boxed{28}}{3} = \boxed{9\frac{1}{3}}$

9 $\overset{3}{\underset{2}{15}} \times \dfrac{3}{10} = \dfrac{\boxed{9}}{2} = \boxed{4\frac{1}{2}}$

10 $\overset{4}{\underset{5}{16}} \times \dfrac{9}{20} = \dfrac{\boxed{36}}{5} = \boxed{7\frac{1}{5}}$

11 $\overset{6}{\underset{5}{18}} \times \dfrac{4}{15} = \dfrac{\boxed{24}}{5} = \boxed{4\frac{4}{5}}$

12 $\overset{7}{\underset{4}{14}} \times \dfrac{3}{8} = \dfrac{\boxed{21}}{4} = \boxed{5\frac{1}{4}}$

13 $\overset{2}{\underset{3}{14}} \times \dfrac{8}{21} = \dfrac{\boxed{16}}{3} = \boxed{5\frac{1}{3}}$

14 $\overset{5}{\underset{2}{25}} \times \dfrac{9}{10} = \dfrac{\boxed{45}}{2} = \boxed{22\frac{1}{2}}$

⏰ 계산을 하시오. (15~30)

15 $6 \times \dfrac{4}{9} = 2\frac{2}{3}$　　16 $8 \times \dfrac{7}{10} = 5\frac{3}{5}$

17 $10 \times \dfrac{7}{12} = 5\frac{5}{6}$　　18 $22 \times \dfrac{3}{11} = 6$

19 $12 \times \dfrac{11}{15} = 8\frac{4}{5}$　　20 $13 \times \dfrac{7}{26} = 3\frac{1}{2}$

21 $14 \times \dfrac{9}{16} = 7\frac{7}{8}$　　22 $40 \times \dfrac{7}{30} = 9\frac{1}{3}$

23 $24 \times \dfrac{3}{16} = 4\frac{1}{2}$　　24 $14 \times \dfrac{9}{10} = 12\frac{3}{5}$

25 $20 \times \dfrac{7}{12} = 11\frac{2}{3}$　　26 $32 \times \dfrac{3}{10} = 9\frac{3}{5}$

27 $38 \times \dfrac{5}{12} = 15\frac{5}{6}$　　28 $48 \times \dfrac{9}{40} = 10\frac{4}{5}$

29 $30 \times \dfrac{5}{18} = 8\frac{1}{3}$　　30 $75 \times \dfrac{13}{50} = 19\frac{1}{2}$

3 (자연수) × (진분수)(4)

계산은 빠르고 정확하게!

걸린 시간	1~6분	6~9분	9~12분
맞은 개수	17~18개	13~16개	1~12개
평가	참 잘했어요.	잘했어요.	좀더 노력해요.

🕐 빈 곳에 알맞은 수를 써넣으시오. (1~10)

1
6 | $\frac{2}{5}$ | $2\frac{2}{5}$

2
5 | $\frac{7}{10}$ | $3\frac{1}{2}$

3
8 | $\frac{5}{6}$ | $6\frac{2}{3}$

4
10 | $\frac{3}{8}$ | $3\frac{3}{4}$

5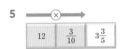
12 | $\frac{3}{10}$ | $3\frac{3}{5}$

6
22 | $\frac{3}{8}$ | $8\frac{1}{4}$

7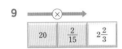
15 | $\frac{5}{9}$ | $8\frac{1}{3}$

8
18 | $\frac{5}{12}$ | $7\frac{1}{2}$

9
20 | $\frac{2}{15}$ | $2\frac{2}{3}$

10
24 | $\frac{5}{18}$ | $6\frac{2}{3}$

🕐 ☐ 안에 알맞은 수를 써넣으시오. (11~18)

11
4 → $\times\frac{6}{7}$ → $3\frac{3}{7}$

12
5 → $\times\frac{3}{4}$ → $3\frac{3}{4}$

13
6 → $\times\frac{2}{5}$ → $2\frac{2}{5}$

14
9 → $\times\frac{7}{12}$ → $5\frac{1}{4}$

15
14 → $\times\frac{3}{7}$ → 6

16
16 → $\times\frac{3}{20}$ → $2\frac{2}{5}$

17
18 → $\times\frac{5}{27}$ → $3\frac{1}{3}$

18
20 → $\times\frac{7}{16}$ → $8\frac{3}{4}$

4 (자연수) × (대분수)(1)

계산은 빠르고 정확하게!

걸린 시간	1~6분	6~9분	9~12분
맞은 개수	18~20개	14~17개	1~13개
평가	참 잘했어요.	잘했어요.	좀더 노력해요.

방법① 대분수를 자연수 부분과 분수 부분으로 나누어 각각 자연수와 곱해 서로 더합니다.

$6\times1\frac{1}{4}=6\times\left(1+\frac{1}{4}\right)=(6\times1)+\left(\overset{3}{6}\times\frac{1}{\underset{2}{4}}\right)$

$=6+\frac{3}{2}=6+1\frac{1}{2}=7\frac{1}{2}$

방법② 대분수를 가분수로 고친 후 자연수와 분자를 곱합니다.

$6\times1\frac{1}{4}=\overset{3}{6}\times\frac{5}{\underset{2}{4}}=\frac{15}{2}=7\frac{1}{2}$

🕐 ☐ 안에 알맞은 수를 써넣으시오. (1~4)

1 $5\times1\frac{2}{3}=(5\times\boxed{1})+\left(5\times\frac{\boxed{2}}{3}\right)=\boxed{5}+3\frac{\boxed{1}}{3}=8\frac{1}{3}$

2 $4\times2\frac{2}{5}=(4\times\boxed{2})+\left(4\times\frac{\boxed{2}}{5}\right)=\boxed{8}+1\frac{\boxed{3}}{5}=9\frac{3}{5}$

3 $6\times2\frac{1}{3}=(6\times\boxed{2})+\left(\overset{2}{6}\times\frac{1}{\underset{1}{3}}\right)=\boxed{12}+2=14$

4 $4\times3\frac{5}{6}=(4\times\boxed{3})+\left(\overset{2}{4}\times\frac{5}{\underset{3}{6}}\right)=\boxed{12}+3\frac{\boxed{1}}{3}=15\frac{1}{3}$

🕐 계산을 하시오. (5~20)

5 $3\times1\frac{3}{4}=5\frac{1}{4}$

6 $5\times2\frac{1}{2}=12\frac{1}{2}$

7 $6\times3\frac{1}{4}=19\frac{1}{2}$

8 $4\times1\frac{5}{6}=7\frac{1}{3}$

9 $8\times2\frac{4}{5}=22\frac{2}{5}$

10 $5\times3\frac{3}{10}=16\frac{1}{2}$

11 $7\times1\frac{3}{8}=9\frac{5}{8}$

12 $9\times2\frac{1}{6}=19\frac{1}{2}$

13 $10\times2\frac{5}{12}=24\frac{1}{6}$

14 $12\times1\frac{3}{8}=16\frac{1}{2}$

15 $9\times2\frac{4}{15}=20\frac{2}{5}$

16 $6\times2\frac{7}{9}=16\frac{2}{3}$

17 $15\times1\frac{7}{10}=25\frac{1}{2}$

18 $10\times2\frac{1}{8}=21\frac{1}{4}$

19 $14\times2\frac{3}{35}=29\frac{1}{5}$

20 $16\times1\frac{5}{6}=29\frac{1}{3}$

4 (자연수) × (대분수)(2)

월 일

계산은 빠르고 정확하게!

걸린 시간	1~10분	10~15분	15~20분
맞은 개수	27~30개	21~26개	1~20개
평가	참 잘했어요.	잘했어요.	좀더 노력해요.

□ 안에 알맞은 수를 써넣으시오. (1~14)

1 $4 \times 2\frac{3}{5} = 4 \times \boxed{\frac{13}{5}} = \boxed{\frac{52}{5}} = \boxed{10\frac{2}{5}}$

2 $3 \times 3\frac{1}{4} = 3 \times \boxed{\frac{13}{4}} = \boxed{\frac{39}{4}} = \boxed{9\frac{3}{4}}$

3 $6 \times 1\frac{1}{4} = 6 \times \frac{5}{\boxed{4}^{\boxed{2}}} = \boxed{\frac{15}{2}} = \boxed{7\frac{1}{2}}$

4 $5 \times 2\frac{2}{3} = 5 \times \boxed{\frac{8}{3}} = \boxed{\frac{40}{3}} = \boxed{13\frac{1}{3}}$

5 $8 \times 3\frac{5}{6} = 8 \times \frac{23}{\boxed{6}^{\boxed{3}}} = \boxed{\frac{92}{3}} = \boxed{30\frac{2}{3}}$

6 $6 \times 3\frac{1}{3} = 6 \times \frac{10}{\boxed{3}_{\boxed{1}}} = \boxed{20}$

7 $10 \times 4\frac{4}{5} = 10 \times \frac{24}{\boxed{5}} = \boxed{48}$

8 $6 \times 4\frac{3}{4} = 6 \times \frac{19}{\boxed{4}} = \boxed{\frac{57}{2}} = \boxed{28\frac{1}{2}}$

9 $9 \times 2\frac{1}{12} = 9 \times \frac{25}{\boxed{12}_{\boxed{4}}} = \boxed{\frac{75}{4}} = \boxed{18\frac{3}{4}}$

10 $8 \times 2\frac{3}{10} = 8 \times \frac{23}{\boxed{10}_{\boxed{5}}} = \boxed{\frac{92}{5}} = \boxed{18\frac{2}{5}}$

11 $24 \times 1\frac{5}{8} = 24 \times \frac{13}{\boxed{8}_{\boxed{1}}} = \boxed{39}$

12 $12 \times 3\frac{1}{8} = 12 \times \frac{25}{\boxed{8}_{\boxed{2}}} = \boxed{\frac{75}{2}} = \boxed{37\frac{1}{2}}$

13 $14 \times 2\frac{2}{21} = 14 \times \frac{44}{\boxed{21}_{\boxed{3}}} = \boxed{\frac{88}{3}}$
$= \boxed{29\frac{1}{3}}$

14 $9 \times 2\frac{2}{15} = 9 \times \frac{32}{\boxed{15}_{\boxed{5}}} = \boxed{\frac{96}{5}}$
$= \boxed{19\frac{1}{5}}$

계산을 하시오. (15~30)

15 $2 \times 1\frac{2}{3} = 3\frac{1}{3}$

16 $7 \times 1\frac{3}{5} = 11\frac{1}{5}$

17 $3 \times 2\frac{5}{6} = 8\frac{1}{2}$

18 $8 \times 1\frac{3}{10} = 10\frac{2}{5}$

19 $9 \times 2\frac{1}{3} = 21$

20 $10 \times 3\frac{1}{4} = 32\frac{1}{2}$

21 $24 \times 2\frac{3}{20} = 51\frac{3}{5}$

22 $9 \times 1\frac{5}{18} = 11\frac{1}{2}$

23 $20 \times 2\frac{4}{15} = 45\frac{1}{3}$

24 $16 \times 1\frac{7}{12} = 25\frac{1}{3}$

25 $8 \times 2\frac{5}{6} = 22\frac{2}{3}$

26 $10 \times 2\frac{4}{15} = 22\frac{2}{3}$

27 $13 \times 2\frac{11}{26} = 31\frac{1}{2}$

28 $15 \times 2\frac{7}{9} = 41\frac{2}{3}$

29 $17 \times 1\frac{5}{34} = 19\frac{1}{2}$

30 $14 \times 3\frac{7}{16} = 48\frac{1}{8}$

---

4 (자연수) × (대분수)(3)

월 일

계산은 빠르고 정확하게!

걸린 시간	1~6분	6~9분	9~12분
맞은 개수	17~18개	13~16개	1~12개
평가	참 잘했어요.	잘했어요.	좀더 노력해요.

빈 곳에 알맞은 수를 써 넣으시오. (1~10)

1 $\times$ | 3 | $2\frac{2}{5}$ | $7\frac{1}{5}$

2 $\times$ | 3 | $2\frac{1}{2}$ | $7\frac{1}{2}$

3 $\times$ | 4 | $3\frac{2}{3}$ | $14\frac{2}{3}$

4 $\times$ | 6 | $2\frac{1}{3}$ | 14

5 $\times$ | 8 | $1\frac{2}{7}$ | $10\frac{2}{7}$

6 $\times$ | 9 | $2\frac{2}{3}$ | 24

7 $\times$ | 10 | $2\frac{1}{4}$ | $22\frac{1}{2}$

8 $\times$ | 8 | $1\frac{1}{6}$ | $9\frac{1}{3}$

9 $\times$ | 12 | $1\frac{3}{8}$ | $16\frac{1}{2}$

10 $\times$ | 10 | $2\frac{5}{6}$ | $28\frac{1}{3}$

□ 안에 알맞은 수를 써넣으시오. (11~18)

11 $8 \quad \times 1\frac{1}{3} \quad \to \quad 10\frac{2}{3}$

12 $6 \quad \times 2\frac{5}{6} \quad \to \quad 17$

13 $5 \quad \times 2\frac{3}{4} \quad \to \quad 13\frac{3}{4}$

14 $10 \quad \times 1\frac{1}{8} \quad \to \quad 11\frac{1}{4}$

15 $12 \quad \times 1\frac{3}{4} \quad \to \quad 21$

16 $15 \quad \times 3\frac{3}{10} \quad \to \quad 49\frac{1}{2}$

17 $10 \quad \times 3\frac{1}{15} \quad \to \quad 30\frac{2}{3}$

18 $18 \quad \times 1\frac{1}{12} \quad \to \quad 19\frac{1}{2}$

 정답

5 (단위분수) × (단위분수), (진분수) × (단위분수) (1)

월 일

▶ (단위분수) × (단위분수)
분자는 그대로 두고 분모끼리 곱합니다.
$\frac{1}{3} \times \frac{1}{2} = \frac{1}{3 \times 2} = \frac{1}{6}$

▶ (진분수) × (단위분수)
분자는 분자끼리 분모는 분모끼리 곱합니다.
$\frac{2}{3} \times \frac{1}{5} = \frac{2 \times 1}{3 \times 5} = \frac{2}{15}$

⏰ 그림을 보고 □ 안에 알맞은 수를 써넣으시오. (1~3)

1   $\frac{1}{2} \times \frac{1}{2} = \frac{1}{2 \times \boxed{2}} = \frac{1}{\boxed{4}}$

2   $\frac{1}{3} \times \frac{1}{4} = \frac{1}{3 \times \boxed{4}} = \frac{1}{\boxed{12}}$

3    $\frac{1}{5} \times \frac{1}{2} = \frac{1}{5 \times \boxed{2}} = \frac{1}{\boxed{10}}$

계산은 빠르고 정확하게!

걸린 시간	1~4분	4~6분	6~8분
맞은 개수	15~17개	12~14개	1~11개
평가	참 잘했어요.	잘했어요.	좀더 노력해요.

⏰ □ 안에 알맞은 수를 써넣으시오. (4~7)

4 $\frac{1}{2} \times \frac{1}{4} = \frac{1}{\boxed{2} \times \boxed{4}} = \frac{1}{\boxed{8}}$

5 $\frac{1}{5} \times \frac{1}{7} = \frac{1}{\boxed{5} \times \boxed{7}} = \frac{1}{\boxed{35}}$

6 $\frac{1}{6} \times \frac{1}{3} = \frac{1}{\boxed{6} \times \boxed{3}} = \frac{1}{\boxed{18}}$

7 $\frac{1}{4} \times \frac{1}{5} = \frac{1}{\boxed{4} \times \boxed{5}} = \frac{1}{\boxed{20}}$

⏰ 계산을 하시오. (8~17)

8 $\frac{1}{3} \times \frac{1}{5} = \frac{1}{15}$

9 $\frac{1}{6} \times \frac{1}{7} = \frac{1}{42}$

10 $\frac{1}{10} \times \frac{1}{8} = \frac{1}{80}$

11 $\frac{1}{9} \times \frac{1}{6} = \frac{1}{54}$

12 $\frac{1}{4} \times \frac{1}{11} = \frac{1}{44}$

13 $\frac{1}{5} \times \frac{1}{8} = \frac{1}{40}$

14 $\frac{1}{10} \times \frac{1}{9} = \frac{1}{90}$

15 $\frac{1}{12} \times \frac{1}{4} = \frac{1}{48}$

16 $\frac{1}{6} \times \frac{1}{8} = \frac{1}{48}$

17 $\frac{1}{11} \times \frac{1}{5} = \frac{1}{55}$

5 (단위분수) × (단위분수), (진분수) × (단위분수) (2)

월 일

⏰ 그림을 보고 □ 안에 알맞은 수를 써넣으시오. (1~4)

1 $\frac{3}{4} \times \frac{1}{2} = \frac{3 \times \boxed{1}}{4 \times \boxed{2}} = \boxed{\frac{3}{8}}$

2    $\frac{2}{5} \times \frac{1}{3} = \frac{2 \times \boxed{1}}{5 \times \boxed{3}} = \boxed{\frac{2}{15}}$

3   $\frac{1}{4} \times \frac{3}{5} = \frac{1 \times \boxed{3}}{4 \times \boxed{5}} = \boxed{\frac{3}{20}}$

4    $\frac{1}{3} \times \frac{5}{6} = \frac{1 \times \boxed{5}}{3 \times \boxed{6}} = \boxed{\frac{5}{18}}$

계산은 빠르고 정확하게!

걸린 시간	1~5분	5~8분	8~10분
맞은 개수	17~18개	13~16개	1~12개
평가	참 잘했어요.	잘했어요.	좀더 노력해요.

⏰ □ 안에 알맞은 수를 써넣으시오. (5~8)

5 $\frac{4}{5} \times \frac{1}{3} = \frac{4 \times \boxed{1}}{5 \times \boxed{3}} = \boxed{\frac{4}{15}}$

6 $\frac{1}{4} \times \frac{3}{4} = \frac{1 \times \boxed{3}}{4 \times \boxed{4}} = \boxed{\frac{3}{16}}$

7 $\frac{3}{8} \times \frac{1}{5} = \frac{3 \times \boxed{1}}{8 \times \boxed{5}} = \boxed{\frac{3}{40}}$

8 $\frac{1}{6} \times \frac{5}{7} = \frac{1 \times \boxed{5}}{6 \times \boxed{7}} = \boxed{\frac{5}{42}}$

⏰ 계산을 하시오. (9~18)

9 $\frac{2}{3} \times \frac{1}{7} = \frac{2}{21}$

10 $\frac{1}{8} \times \frac{5}{9} = \frac{5}{72}$

11 $\frac{4}{5} \times \frac{1}{9} = \frac{4}{45}$

12 $\frac{1}{3} \times \frac{7}{8} = \frac{7}{24}$

13 $\frac{7}{10} \times \frac{1}{3} = \frac{7}{30}$

14 $\frac{1}{12} \times \frac{5}{6} = \frac{5}{72}$

15 $\frac{3}{4} \times \frac{5}{11} = \frac{15}{44}$

16 $\frac{1}{7} \times \frac{8}{9} = \frac{8}{63}$

17 $\frac{5}{8} \times \frac{1}{6} = \frac{5}{48}$

18 $\frac{1}{15} \times \frac{7}{8} = \frac{7}{120}$

5 (단위분수) × (단위분수), (진분수) × (단위분수)(3)

월 일

계산은 빠르고 정확하게!

걸린 시간	1~5분	5~7분	7~8분
맞은 개수	17~18개	13~16개	1~12개
평가	참 잘했어요.	잘했어요.	좀더 노력해요.

⏰ 빈 곳에 알맞은 수를 써넣으시오. (1~10)

1
$\frac{1}{2}$ $\frac{1}{5}$ $\frac{1}{10}$

2
$\frac{1}{4}$ $\frac{1}{6}$ $\frac{1}{24}$

3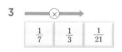
$\frac{1}{7}$ $\frac{1}{3}$ $\frac{1}{21}$

4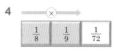
$\frac{1}{8}$ $\frac{1}{9}$ $\frac{1}{72}$

5
$\frac{4}{5}$ $\frac{1}{3}$ $\frac{4}{15}$

6
$\frac{1}{2}$ $\frac{5}{7}$ $\frac{5}{14}$

7
$\frac{5}{6}$ $\frac{1}{7}$ $\frac{5}{42}$

8
$\frac{1}{4}$ $\frac{3}{8}$ $\frac{3}{32}$

9
$\frac{3}{4}$ $\frac{1}{8}$ $\frac{3}{32}$

10
$\frac{1}{9}$ $\frac{10}{11}$ $\frac{10}{99}$

⏰ □ 안에 알맞은 수를 써넣으시오. (11~18)

11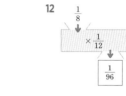
$\frac{1}{10}$ × $\frac{1}{4}$ → $\frac{1}{40}$

12
$\frac{1}{8}$ × $\frac{1}{12}$ → $\frac{1}{96}$

13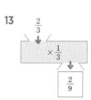
$\frac{2}{3}$ × $\frac{1}{3}$ → $\frac{2}{9}$

14
$\frac{1}{4}$ × $\frac{3}{5}$ → $\frac{3}{20}$

15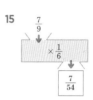
$\frac{7}{9}$ × $\frac{1}{6}$ → $\frac{7}{54}$

16
$\frac{1}{8}$ × $\frac{3}{5}$ → $\frac{3}{40}$

17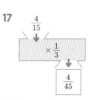
$\frac{4}{15}$ × $\frac{1}{3}$ → $\frac{4}{45}$

18
$\frac{1}{3}$ × $\frac{7}{13}$ → $\frac{7}{39}$

6 (진분수) × (진분수)(1)

월 일

계산은 빠르고 정확하게!

걸린 시간	1~3분	3~5분	5~7분
맞은 개수	7개	5~6개	1~4개
평가	참 잘했어요.	잘했어요.	좀더 노력해요.

방법 ① 곱을 구한 다음 약분하여 계산합니다.
$\frac{3}{4} × \frac{5}{6} = \frac{3×5}{4×6} = \frac{15}{24} = \frac{5}{8}$

방법 ② 주어진 곱셈에서 바로 약분하여 계산합니다.
$\frac{3}{4} × \frac{5}{6} = \frac{5}{8}$

⏰ 그림을 보고 □ 안에 알맞은 수를 써넣으시오. (1~3)

1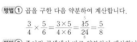
$\frac{2}{3} × \frac{2}{5} = \frac{2×2}{3×5} = \frac{4}{15}$

2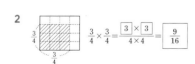
$\frac{3}{4} × \frac{3}{4} = \frac{3×3}{4×4} = \frac{9}{16}$

3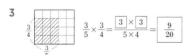
$\frac{3}{5} × \frac{3}{4} = \frac{3×3}{5×4} = \frac{9}{20}$

⏰ 그림을 보고 □ 안에 알맞은 수를 써넣으시오. (4~7)

4
$\frac{2}{5} × \frac{3}{4} = \frac{2×3}{5×4} = \frac{6}{20} = \frac{3}{10}$

5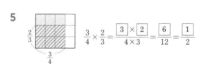
$\frac{3}{4} × \frac{2}{3} = \frac{3×2}{4×3} = \frac{6}{12} = \frac{1}{2}$

6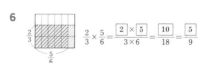
$\frac{2}{3} × \frac{5}{6} = \frac{2×5}{3×6} = \frac{10}{18} = \frac{5}{9}$

7
$\frac{4}{5} × \frac{3}{8} = \frac{4×3}{5×8} = \frac{12}{40} = \frac{3}{10}$

6 (진분수)×(진분수)(2)

월   일

□ 안에 알맞은 수를 써넣으시오. (1~14)

1 $\dfrac{2}{3}\times\dfrac{4}{5}=\dfrac{\boxed{2}\times\boxed{4}}{3\times 5}=\boxed{\dfrac{8}{15}}$

2 $\dfrac{3}{4}\times\dfrac{3}{7}=\dfrac{\boxed{3}\times\boxed{3}}{4\times 7}=\boxed{\dfrac{9}{28}}$

3 $\dfrac{5}{8}\times\dfrac{3}{4}=\dfrac{\boxed{5}\times\boxed{3}}{8\times 4}=\boxed{\dfrac{15}{32}}$

4 $\dfrac{2}{5}\times\dfrac{4}{9}=\dfrac{\boxed{2}\times\boxed{4}}{5\times 9}=\boxed{\dfrac{8}{45}}$

5 $\dfrac{2}{3}\times\dfrac{5}{6}=\dfrac{\boxed{2}\times\boxed{5}}{3\times 6}=\dfrac{\boxed{10}}{18}=\boxed{\dfrac{5}{9}}$

6 $\dfrac{3}{8}\times\dfrac{2}{3}=\dfrac{\boxed{3}\times\boxed{2}}{8\times 3}=\dfrac{\boxed{6}}{24}=\boxed{\dfrac{1}{4}}$

7 $\dfrac{4}{5}\times\dfrac{3}{4}=\dfrac{\boxed{4}\times\boxed{3}}{5\times 4}=\dfrac{\boxed{12}}{20}=\boxed{\dfrac{3}{5}}$

8 $\dfrac{5}{6}\times\dfrac{9}{10}=\dfrac{\boxed{5}\times\boxed{9}}{6\times 10}=\dfrac{\boxed{45}}{60}=\boxed{\dfrac{3}{4}}$

9 $\dfrac{4}{7}\times\dfrac{3}{8}=\dfrac{\boxed{4}\times\boxed{3}}{7\times 8}=\dfrac{\boxed{12}}{56}=\boxed{\dfrac{3}{14}}$

10 $\dfrac{2}{5}\times\dfrac{3}{8}=\dfrac{\boxed{2}\times\boxed{3}}{5\times 8}=\dfrac{\boxed{6}}{40}=\boxed{\dfrac{3}{20}}$

11 $\dfrac{2}{9}\times\dfrac{3}{8}=\dfrac{\boxed{2}\times\boxed{3}}{9\times 8}=\dfrac{\boxed{6}}{72}=\boxed{\dfrac{1}{12}}$

12 $\dfrac{4}{9}\times\dfrac{3}{10}=\dfrac{\boxed{4}\times\boxed{3}}{9\times 10}=\dfrac{\boxed{12}}{90}=\boxed{\dfrac{2}{15}}$

13 $\dfrac{3}{4}\times\dfrac{7}{9}=\dfrac{\boxed{3}\times\boxed{7}}{4\times 9}=\dfrac{\boxed{21}}{36}=\boxed{\dfrac{7}{12}}$

14 $\dfrac{8}{15}\times\dfrac{5}{7}=\dfrac{\boxed{8}\times\boxed{5}}{15\times 7}=\dfrac{\boxed{40}}{105}=\boxed{\dfrac{8}{21}}$

계산을 하시오. (15~28)

15 $\dfrac{4}{7}\times\dfrac{1}{2}=\dfrac{2}{7}$

16 $\dfrac{3}{5}\times\dfrac{2}{3}=\dfrac{2}{5}$

17 $\dfrac{4}{9}\times\dfrac{6}{7}=\dfrac{8}{21}$

18 $\dfrac{7}{8}\times\dfrac{2}{5}=\dfrac{7}{20}$

19 $\dfrac{3}{10}\times\dfrac{3}{4}=\dfrac{9}{40}$

20 $\dfrac{4}{5}\times\dfrac{3}{7}=\dfrac{12}{35}$

21 $\dfrac{7}{12}\times\dfrac{4}{5}=\dfrac{7}{15}$

22 $\dfrac{3}{8}\times\dfrac{4}{15}=\dfrac{1}{10}$

23 $\dfrac{5}{6}\times\dfrac{3}{10}=\dfrac{1}{4}$

24 $\dfrac{11}{12}\times\dfrac{6}{7}=\dfrac{11}{14}$

25 $\dfrac{8}{11}\times\dfrac{7}{16}=\dfrac{7}{22}$

26 $\dfrac{4}{15}\times\dfrac{9}{16}=\dfrac{3}{20}$

27 $\dfrac{17}{20}\times\dfrac{15}{16}=\dfrac{51}{64}$

28 $\dfrac{5}{36}\times\dfrac{3}{20}=\dfrac{1}{48}$

6 (진분수)×(진분수)(3)

월   일

□ 안에 알맞은 수를 써넣으시오. (1~14)

1 $\dfrac{3}{5}\times\dfrac{3}{4}=\dfrac{\boxed{9}}{\boxed{20}}$

2 $\dfrac{2}{3}\times\dfrac{2}{3}=\dfrac{\boxed{4}}{\boxed{9}}$

3 $\dfrac{5}{6}\times\dfrac{5}{7}=\dfrac{\boxed{25}}{\boxed{42}}$

4 $\dfrac{7}{8}\times\dfrac{9}{10}=\dfrac{\boxed{63}}{\boxed{80}}$

5 $\dfrac{2}{5}\times\dfrac{\overset{1}{3}}{\underset{4}{8}}=\dfrac{\boxed{3}}{\boxed{20}}$

6 $\dfrac{5}{\underset{2}{6}}\times\dfrac{\overset{1}{4}}{9}=\dfrac{\boxed{5}}{\boxed{18}}$

7 $\dfrac{\overset{3}{6}}{7}\times\dfrac{3}{\underset{2}{4}}=\dfrac{\boxed{9}}{\boxed{14}}$

8 $\dfrac{7}{10}\times\dfrac{\overset{7}{14}}{\underset{5}{15}}=\dfrac{\boxed{49}}{\boxed{75}}$

9 $\dfrac{\overset{2}{12}}{13}\times\dfrac{5}{\underset{1}{6}}=\dfrac{\boxed{10}}{\boxed{13}}$

10 $\dfrac{9}{14}\times\dfrac{\overset{7}{7}}{8}=\dfrac{\boxed{9}}{\boxed{16}}$

11 $\dfrac{\overset{1}{11}}{12}\times\dfrac{\overset{3}{9}}{11}=\dfrac{\boxed{3}}{\boxed{4}}$

12 $\dfrac{\overset{1}{5}}{6}\times\dfrac{\overset{1}{2}}{15}=\dfrac{\boxed{1}}{\boxed{9}}$

13 $\dfrac{\overset{3}{15}}{28}\times\dfrac{7}{10}=\dfrac{\boxed{3}}{\boxed{8}}$

14 $\dfrac{\overset{4}{16}}{25}\times\dfrac{5}{12}=\dfrac{\boxed{4}}{\boxed{15}}$

계산을 하시오. (15~30)

15 $\dfrac{4}{5}\times\dfrac{3}{8}=\dfrac{3}{10}$

16 $\dfrac{7}{10}\times\dfrac{5}{9}=\dfrac{7}{18}$

17 $\dfrac{8}{11}\times\dfrac{5}{6}=\dfrac{20}{33}$

18 $\dfrac{3}{14}\times\dfrac{7}{9}=\dfrac{1}{6}$

19 $\dfrac{3}{4}\times\dfrac{8}{15}=\dfrac{2}{5}$

20 $\dfrac{2}{5}\times\dfrac{3}{10}=\dfrac{3}{25}$

21 $\dfrac{3}{8}\times\dfrac{2}{3}=\dfrac{1}{4}$

22 $\dfrac{4}{9}\times\dfrac{3}{8}=\dfrac{1}{6}$

23 $\dfrac{2}{15}\times\dfrac{5}{18}=\dfrac{1}{27}$

24 $\dfrac{5}{9}\times\dfrac{3}{20}=\dfrac{1}{12}$

25 $\dfrac{7}{12}\times\dfrac{8}{21}=\dfrac{2}{9}$

26 $\dfrac{13}{24}\times\dfrac{9}{26}=\dfrac{3}{16}$

27 $\dfrac{2}{15}\times\dfrac{11}{12}=\dfrac{11}{90}$

28 $\dfrac{28}{45}\times\dfrac{27}{35}=\dfrac{12}{25}$

29 $\dfrac{9}{42}\times\dfrac{14}{27}=\dfrac{1}{9}$

30 $\dfrac{21}{38}\times\dfrac{19}{56}=\dfrac{3}{16}$

6 (진분수)×(진분수)(4)

월 일

빈 곳에 알맞은 수를 써넣으시오. (1~10)

1  $\frac{2}{3}$ | $\frac{4}{5}$ | $\frac{8}{15}$

2 $\frac{5}{6}$ | $\frac{3}{7}$ | $\frac{5}{14}$

3  $\frac{3}{5}$ | $\frac{5}{9}$ | $\frac{1}{3}$

4 $\frac{6}{7}$ | $\frac{3}{4}$ | $\frac{9}{14}$

5  $\frac{9}{10}$ | $\frac{8}{11}$ | $\frac{36}{55}$

6 $\frac{4}{15}$ | $\frac{5}{12}$ | $\frac{1}{9}$

7  $\frac{11}{13}$ | $\frac{7}{22}$ | $\frac{7}{26}$

8 $\frac{15}{17}$ | $\frac{3}{10}$ | $\frac{9}{34}$

9  $\frac{18}{19}$ | $\frac{4}{27}$ | $\frac{8}{57}$

10 $\frac{17}{24}$ | $\frac{15}{34}$ | $\frac{5}{16}$

계산은 빠르고 정확하게!

걸린 시간	1~6분	6~9분	9~12분
맞은 개수	17~18개	13~16개	1~12개
평가	참 잘했어요.	잘했어요.	좀더 노력해요.

□ 안에 알맞은 수를 써넣으시오. (11~18)

11 $\frac{2}{5}$ $\times\frac{5}{6}$ → $\frac{1}{3}$

12 $\frac{3}{4}$ $\times\frac{4}{9}$ → $\frac{1}{3}$

13 $\frac{9}{10}$ $\times\frac{5}{8}$ → $\frac{9}{16}$

14 $\frac{5}{12}$ $\times\frac{14}{15}$ → $\frac{7}{18}$

15 $\frac{4}{9}$ $\times\frac{9}{10}$ → $\frac{2}{5}$

16 $\frac{7}{11}$ $\times\frac{2}{3}$ → $\frac{14}{33}$

17 $\frac{7}{8}$ $\times\frac{18}{25}$ → $\frac{63}{100}$

18 $\frac{21}{32}$ $\times\frac{3}{14}$ → $\frac{9}{64}$

7 (대분수)×(대분수)(1)

월 일

방법 ① 대분수를 가분수로 고쳐서 계산한 후 약분을 합니다.

$2\frac{1}{4}\times1\frac{2}{3}=\frac{9}{4}\times\frac{5}{3}=\frac{45}{12}=\frac{15}{4}=3\frac{3}{4}$

방법 ② 대분수를 가분수로 고쳐서 약분한 후 계산합니다.

$2\frac{1}{4}\times1\frac{2}{3}=\frac{9}{4}\times\frac{5}{3}=\frac{15}{4}=3\frac{3}{4}$

계산은 빠르고 정확하게!

걸린 시간	1~6분	6~9분	9~12분
맞은 개수	18~20개	14~17개	1~13개
평가	참 잘했어요.	잘했어요.	좀더 노력해요.

□ 안에 알맞은 수를 써넣으시오. (1~4)

1 $1\frac{2}{3}\times2\frac{2}{5}=\frac{5}{3}\times\frac{12}{5}=\frac{5\times12}{3\times5}=\frac{60}{15}=\boxed{4}$

2 $1\frac{4}{5}\times1\frac{1}{6}=\frac{9}{5}\times\frac{7}{6}=\frac{9\times7}{5\times6}=\frac{63}{30}=\frac{21}{10}=\boxed{2\frac{1}{10}}$

3 $2\frac{1}{4}\times1\frac{5}{6}=\frac{9}{4}\times\frac{11}{6}=\frac{9\times11}{4\times6}=\frac{99}{24}=\frac{33}{8}=\boxed{4\frac{1}{8}}$

4 $2\frac{1}{7}\times1\frac{4}{5}=\frac{15}{7}\times\frac{9}{5}=\frac{15\times9}{7\times5}=\frac{135}{35}=\frac{27}{7}=\boxed{3\frac{6}{7}}$

계산을 하시오. (5~20)

5 $1\frac{2}{5}\times2\frac{3}{4}=3\frac{17}{20}$

6 $2\frac{1}{4}\times2\frac{4}{9}=5\frac{1}{2}$

7 $3\frac{1}{3}\times2\frac{1}{2}=8\frac{1}{3}$

8 $2\frac{3}{4}\times4\frac{2}{3}=12\frac{5}{6}$

9 $1\frac{5}{6}\times2\frac{1}{4}=4\frac{1}{8}$

10 $1\frac{2}{3}\times3\frac{3}{4}=6\frac{1}{4}$

11 $4\frac{1}{2}\times1\frac{2}{7}=5\frac{11}{14}$

12 $3\frac{1}{3}\times1\frac{2}{5}=4\frac{2}{3}$

13 $2\frac{3}{5}\times2\frac{3}{5}=6\frac{19}{25}$

14 $2\frac{1}{2}\times2\frac{4}{15}=5\frac{2}{3}$

15 $1\frac{3}{4}\times3\frac{3}{5}=6\frac{3}{10}$

16 $4\frac{2}{5}\times2\frac{1}{2}=11$

17 $2\frac{2}{9}\times1\frac{5}{8}=3\frac{11}{18}$

18 $1\frac{3}{7}\times5\frac{1}{4}=7\frac{1}{2}$

19 $4\frac{1}{8}\times2\frac{2}{11}=9$

20 $2\frac{1}{6}\times1\frac{1}{3}=2\frac{8}{9}$

7 (대분수)×(대분수)(2)

월 일

계산은 빠르고 정확하게!

걸린 시간	1~8분	8~12분	12~16분
맞은 개수	24~26개	19~23개	1~18개
평가	참 잘했어요.	잘했어요.	좀더 노력해요.

□ 안에 알맞은 수를 써넣으시오. (1~10)

1 $1\frac{3}{4} \times 1\frac{4}{5} = \frac{\boxed{7}}{4} \times \frac{\boxed{9}}{5} = \frac{\boxed{63}}{20}$
$= 3\frac{3}{20}$

2 $1\frac{1}{2} \times 2\frac{2}{3} = \frac{\boxed{3}}{2} \times \frac{\boxed{8}}{3} = \frac{\boxed{24}}{6}$
$= \boxed{4}$

3 $1\frac{2}{3} \times 1\frac{1}{6} = \frac{\boxed{5}}{3} \times \frac{\boxed{7}}{6} = \frac{\boxed{35}}{18}$
$= 1\frac{17}{18}$

4 $3\frac{1}{2} \times 1\frac{3}{5} = \frac{\boxed{7}}{\underset{\boxed{1}}{2}} \times \frac{\boxed{8}}{5} = \frac{\boxed{28}}{5}$
$= 5\frac{3}{5}$

5 $2\frac{2}{3} \times 1\frac{1}{4} = \frac{\boxed{8}}{3} \times \frac{5}{\underset{\boxed{1}}{4}} = \frac{\boxed{10}}{3}$
$= 3\frac{1}{3}$

6 $3\frac{3}{4} \times 2\frac{3}{5} = \frac{\boxed{15}}{4} \times \frac{13}{\underset{\boxed{1}}{5}} = \frac{\boxed{39}}{4}$
$= 9\frac{3}{4}$

7 $1\frac{5}{6} \times 5\frac{1}{4} = \frac{\boxed{11}}{\underset{\boxed{2}}{6}} \times \frac{\overset{\boxed{7}}{21}}{4} = \frac{\boxed{77}}{8}$
$= 9\frac{5}{8}$

8 $3\frac{1}{3} \times 2\frac{1}{2} = \frac{\boxed{10}}{3} \times \frac{5}{\underset{\boxed{1}}{2}} = \frac{\boxed{25}}{3}$
$= 8\frac{1}{3}$

9 $1\frac{5}{8} \times 2\frac{2}{9} = \frac{\boxed{13}}{\underset{\boxed{2}}{8}} \times \frac{\overset{\boxed{5}}{20}}{9} = \frac{\boxed{65}}{18}$
$= 3\frac{11}{18}$

10 $4\frac{1}{5} \times 2\frac{2}{7} = \frac{\boxed{21}}{5} \times \frac{16}{\underset{\boxed{1}}{7}} = \frac{\boxed{48}}{5}$
$= 9\frac{3}{5}$

계산을 하시오. (11~26)

11 $1\frac{4}{5} \times 2\frac{2}{3} = 4\frac{4}{5}$

12 $5\frac{3}{4} \times 2\frac{2}{5} = 13\frac{4}{5}$

13 $3\frac{2}{3} \times 2\frac{1}{4} = 8\frac{1}{4}$

14 $5\frac{1}{4} \times 1\frac{3}{7} = 7\frac{1}{2}$

15 $2\frac{2}{5} \times 1\frac{3}{7} = 3\frac{3}{7}$

16 $2\frac{1}{3} \times 1\frac{1}{4} = 2\frac{11}{12}$

17 $2\frac{2}{3} \times 1\frac{5}{8} = 4\frac{1}{3}$

18 $2\frac{7}{10} \times 1\frac{1}{4} = 3\frac{3}{8}$

19 $5\frac{3}{4} \times 1\frac{2}{5} = 8\frac{1}{20}$

20 $2\frac{4}{5} \times 1\frac{3}{7} = 4$

21 $6\frac{1}{4} \times 5\frac{3}{5} = 35$

22 $2\frac{1}{5} \times 2\frac{8}{11} = 6$

23 $2\frac{3}{8} \times 2\frac{2}{5} = 5\frac{7}{10}$

24 $4\frac{2}{3} \times 1\frac{13}{14} = 9$

25 $5\frac{1}{3} \times 2\frac{5}{8} = 14$

26 $2\frac{5}{7} \times 4\frac{2}{3} = 12\frac{2}{3}$

7 (대분수)×(대분수)(3)

월 일

계산은 빠르고 정확하게!

걸린 시간	1~6분	6~9분	9~12분
맞은 개수	17~18개	13~16개	1~12개
평가	참 잘했어요.	잘했어요.	좀더 노력해요.

빈 곳에 알맞은 수를 써넣으시오. (1~10)

1 $\boxed{3\frac{3}{4}}$ $\boxed{2\frac{1}{5}}$ $\boxed{8\frac{1}{4}}$

2 $\boxed{1\frac{2}{7}}$ $\boxed{2\frac{4}{9}}$ $\boxed{3\frac{1}{7}}$

3 $\boxed{3\frac{1}{5}}$ $\boxed{2\frac{1}{8}}$ $\boxed{6\frac{4}{5}}$

4 $\boxed{2\frac{3}{4}}$ $\boxed{1\frac{1}{9}}$ $\boxed{3\frac{1}{18}}$

5 $\boxed{2\frac{3}{8}}$ $\boxed{2\frac{2}{7}}$ $\boxed{5\frac{3}{7}}$

6 $\boxed{1\frac{3}{5}}$ $\boxed{1\frac{5}{12}}$ $\boxed{2\frac{4}{15}}$

7 $\boxed{4\frac{4}{5}}$ $\boxed{1\frac{3}{8}}$ $\boxed{6\frac{3}{5}}$

8 $\boxed{3\frac{1}{9}}$ $\boxed{2\frac{4}{7}}$ $\boxed{8}$

9 $\boxed{1\frac{3}{4}}$ $\boxed{1\frac{1}{11}}$ $\boxed{1\frac{10}{11}}$

10 $\boxed{1\frac{5}{18}}$ $\boxed{1\frac{7}{8}}$ $\boxed{2\frac{19}{48}}$

□ 안에 알맞은 수를 써넣으시오. (11~18)

11 $2\frac{1}{2}$
$\times 1\frac{1}{3}$
$3\frac{1}{3}$

12 $1\frac{1}{2}$
$\times 2\frac{7}{9}$
$4\frac{1}{6}$

13 $3\frac{1}{8}$
$\times 2\frac{1}{5}$
$6\frac{7}{8}$

14 $1\frac{1}{6}$
$\times 1\frac{7}{8}$
$2\frac{3}{16}$

15 $5\frac{1}{2}$
$\times 1\frac{3}{4}$
$9\frac{5}{8}$

16 $2\frac{2}{7}$
$\times 4\frac{1}{4}$
$9\frac{5}{7}$

17 $1\frac{5}{9}$
$\times 3\frac{3}{8}$
$5\frac{1}{4}$

18 $4\frac{2}{3}$
$\times 1\frac{2}{13}$
$5\frac{5}{13}$

8 세 분수의 곱셈(1)

방법 ① 두 분수씩 차례로 계산합니다.

$$\frac{3}{4} \times \frac{2}{5} \times 1\frac{1}{7} = \left(\frac{3}{4} \times \frac{2}{5}\right) \times 1\frac{1}{7} = \frac{3}{10} \times \frac{8}{7} = \frac{12}{35}$$

방법 ② 세 분수를 한꺼번에 계산합니다.

$$\frac{3}{4} \times \frac{2}{5} \times 1\frac{1}{7} = \frac{3}{4} \times \frac{2}{5} \times \frac{8}{7} = \frac{12}{35}$$

계산은 빠르고 정확하게!

□ 안에 알맞은 수를 써넣으시오. (1~4)

1. $\frac{4}{5} \times \frac{1}{6} \times \frac{2}{3} = \left(\frac{4}{5} \times \frac{1}{6}\right) \times \frac{2}{3} = \frac{2}{15} \times \frac{2}{3} = \frac{4}{45}$

2. $\frac{6}{7} \times \frac{1}{3} \times \frac{3}{5} = \left(\frac{6}{7} \times \frac{1}{3}\right) \times \frac{3}{5} = \frac{2}{7} \times \frac{3}{5} = \frac{6}{35}$

3. $\frac{4}{5} \times \frac{1}{9} \times \frac{7}{8} = \frac{4 \times 1 \times 7}{5 \times 9 \times 8} = \frac{7}{90}$

4. $\frac{3}{4} \times \frac{1}{5} \times \frac{8}{9} = \frac{3 \times 1 \times 8}{4 \times 5 \times 9} = \frac{2}{15}$

계산을 하시오. (5~20)

5. $\frac{1}{5} \times \frac{1}{4} \times \frac{1}{2} = \frac{1}{40}$

6. $\frac{7}{8} \times \frac{4}{5} \times \frac{1}{2} = \frac{7}{20}$

7. $\frac{6}{7} \times \frac{2}{3} \times \frac{1}{4} = \frac{1}{7}$

8. $\frac{3}{5} \times \frac{1}{6} \times \frac{2}{7} = \frac{1}{35}$

9. $\frac{5}{8} \times \frac{3}{4} \times \frac{4}{7} = \frac{15}{56}$

10. $\frac{3}{4} \times \frac{1}{6} \times \frac{3}{5} = \frac{3}{40}$

11. $\frac{3}{10} \times \frac{3}{4} \times \frac{5}{9} = \frac{1}{8}$

12. $\frac{8}{9} \times \frac{2}{3} \times \frac{3}{4} = \frac{4}{9}$

13. $\frac{5}{7} \times \frac{3}{8} \times \frac{2}{5} = \frac{3}{28}$

14. $\frac{7}{15} \times \frac{4}{5} \times \frac{3}{8} = \frac{7}{50}$

15. $\frac{7}{9} \times \frac{8}{21} \times \frac{1}{6} = \frac{4}{81}$

16. $\frac{9}{10} \times \frac{5}{12} \times \frac{2}{3} = \frac{1}{4}$

17. $\frac{5}{8} \times \frac{1}{4} \times \frac{3}{10} = \frac{3}{64}$

18. $\frac{4}{9} \times \frac{3}{14} \times \frac{3}{4} = \frac{1}{14}$

19. $\frac{5}{9} \times \frac{6}{7} \times \frac{9}{10} = \frac{3}{7}$

20. $\frac{5}{12} \times \frac{3}{4} \times \frac{2}{5} = \frac{1}{8}$

---

8 세 분수의 곱셈(2)

계산은 빠르고 정확하게!

□ 안에 알맞은 수를 써넣으시오. (1~7)

1. $1\frac{1}{4} \times \frac{2}{7} \times \frac{1}{2} = \left(\frac{5}{4} \times \frac{2}{7}\right) \times \frac{1}{2} = \frac{5}{14} \times \frac{1}{2} = \frac{5}{28}$

2. $2\frac{1}{3} \times \frac{3}{5} \times \frac{1}{4} = \left(\frac{7}{3} \times \frac{3}{5}\right) \times \frac{1}{4} = \frac{7}{5} \times \frac{1}{4} = \frac{7}{20}$

3. $\frac{4}{5} \times 3\frac{1}{2} \times \frac{2}{9} = \left(\frac{4}{5} \times \frac{7}{2}\right) \times \frac{2}{9} = \frac{14}{5} \times \frac{2}{9} = \frac{28}{45}$

4. $\frac{5}{6} \times \frac{7}{10} \times 1\frac{3}{8} = \left(\frac{5}{6} \times \frac{7}{10}\right) \times 1\frac{3}{8} = \frac{7}{12} \times \frac{11}{8} = \frac{77}{96}$

5. $\frac{5}{7} \times 2\frac{1}{4} \times \frac{2}{9} = \frac{5}{7} \times \frac{9}{4} \times \frac{2}{9} = \frac{5}{14}$

6. $1\frac{2}{5} \times \frac{3}{4} \times \frac{1}{6} = \frac{7}{5} \times \frac{3}{4} \times \frac{1}{6} = \frac{7}{40}$

7. $\frac{7}{9} \times \frac{3}{4} \times 2\frac{1}{5} = \frac{7}{9} \times \frac{3}{4} \times \frac{11}{5} = \frac{77}{60} = 1\frac{17}{60}$

계산을 하시오. (8~21)

8. $1\frac{3}{4} \times \frac{1}{3} \times \frac{9}{14} = \frac{3}{8}$

9. $1\frac{2}{3} \times \frac{7}{10} \times \frac{6}{11} = \frac{7}{11}$

10. $2\frac{1}{5} \times \frac{3}{4} \times \frac{5}{7} = 1\frac{5}{28}$

11. $\frac{1}{4} \times \frac{2}{7} \times 2\frac{5}{8} = \frac{3}{16}$

12. $1\frac{2}{3} \times 2\frac{1}{5} \times \frac{3}{4} = 2\frac{3}{4}$

13. $2\frac{3}{4} \times 3\frac{1}{3} \times \frac{9}{10} = 8\frac{1}{4}$

14. $3\frac{6}{7} \times \frac{3}{13} \times 4\frac{2}{3} = 4\frac{2}{13}$

15. $4\frac{1}{5} \times 1\frac{1}{6} \times \frac{4}{9} = 2\frac{8}{45}$

16. $\frac{1}{6} \times 1\frac{1}{5} \times 3\frac{3}{10} = \frac{33}{50}$

17. $1\frac{3}{4} \times \frac{2}{7} \times 1\frac{1}{5} = \frac{3}{5}$

18. $1\frac{7}{8} \times \frac{3}{10} \times 1\frac{3}{5} = \frac{9}{10}$

19. $2\frac{3}{4} \times 3\frac{1}{5} \times \frac{5}{8} = 5\frac{1}{2}$

20. $1\frac{2}{3} \times 2\frac{3}{5} \times 1\frac{1}{4} = 5\frac{5}{12}$

21. $1\frac{1}{7} \times 1\frac{3}{4} \times 8\frac{1}{6} = 16\frac{1}{3}$

 정답

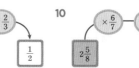

P 96~99

8 세 분수의 곱셈(3)

월 일

계산은 빠르고 정확하게!

걸린 시간	1~6분	6~9분	9~12분
맞은 개수	15~16개	12~14개	1~11개
평가	참 잘했어요.	잘했어요.	좀더 노력해요.

🕐 빈 곳에 알맞은 수를 써넣으시오. (1~8)

1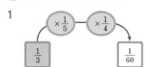

2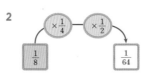

3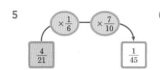

4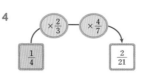

🕐 빈 곳에 알맞은 수를 써넣으시오. (9~16)

9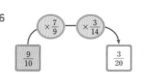

10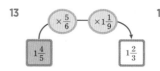

11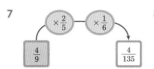

12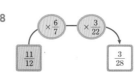

13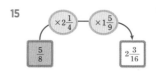

14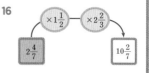

5

6

7

8

15

16

9 신기한 연산

월 일

계산은 빠르고 정확하게!

걸린 시간	1~10분	10~15분	15~20분
맞은 개수	7개	5~6개	1~4개
평가	참 잘했어요.	잘했어요.	좀더 노력해요.

🕐 보기 의 계산 방법을 이용하여 다음을 계산하시오. (1~3)

보기

$$\frac{1}{2} \times \frac{1}{3} \times \frac{1}{4} = \left(\frac{1}{2 \times 3} - \frac{1}{3 \times 4} \right) \times \frac{1}{2}$$

1
$$\frac{1}{2} \times \frac{1}{3} \times \frac{1}{4} + \frac{1}{3} \times \frac{1}{4} \times \frac{1}{5}$$
$$= \left(\frac{1}{2 \times 3} - \frac{1}{3 \times 4} \right) \times \frac{1}{2} + \left(\frac{1}{3 \times 4} - \frac{1}{4 \times 5} \right) \times \frac{1}{2}$$
$$= \left(\frac{1}{2 \times 3} - \frac{1}{3 \times 4} + \frac{1}{3 \times 4} - \frac{1}{4 \times 5} \right) \times \frac{1}{2}$$
$$= \left(\frac{1}{6} - \frac{1}{20} \right) \times \frac{1}{2} = \frac{7}{120}$$

2
$$\frac{1}{4} \times \frac{1}{5} \times \frac{1}{6} + \frac{1}{5} \times \frac{1}{6} \times \frac{1}{7}$$
$$= \left(\frac{1}{4 \times 5} - \frac{1}{5 \times 6} \right) \times \frac{1}{2} + \left(\frac{1}{5 \times 6} - \frac{1}{6 \times 7} \right) \times \frac{1}{2}$$
$$= \left(\frac{1}{4 \times 5} - \frac{1}{5 \times 6} + \frac{1}{5 \times 6} - \frac{1}{6 \times 7} \right) \times \frac{1}{2}$$
$$= \left(\frac{1}{20} - \frac{1}{42} \right) \times \frac{1}{2} = \frac{11}{840}$$

3
$$\frac{1}{5} \times \frac{1}{6} \times \frac{1}{7} + \frac{1}{6} \times \frac{1}{7} \times \frac{1}{8} + \frac{1}{7} \times \frac{1}{8} \times \frac{1}{9}$$
$$= \left(\frac{1}{5 \times 6} - \frac{1}{6 \times 7} \right) \times \frac{1}{2} + \left(\frac{1}{6 \times 7} - \frac{1}{7 \times 8} \right) \times \frac{1}{2} + \left(\frac{1}{7 \times 8} - \frac{1}{8 \times 9} \right) \times \frac{1}{2}$$
$$= \left(\frac{1}{5 \times 6} - \frac{1}{6 \times 7} + \frac{1}{6 \times 7} - \frac{1}{7 \times 8} + \frac{1}{7 \times 8} - \frac{1}{8 \times 9} \right) \times \frac{1}{2}$$
$$= \left(\frac{1}{30} - \frac{1}{72} \right) \times \frac{1}{2} = \frac{7}{720}$$

🕐 5장의 숫자 카드 중 3장을 뽑아 대분수를 만들려고 합니다. 만들 수 있는 가장 큰 대분수와 가장 작은 대분수를 찾아 그 곱을 구하시오. (4~5)

4
[2] [3] [4] [5] [6]

$$6\frac{4}{5} \times 2\frac{3}{6} = 17$$

5
[5] [7] [3] [6] [8]

$$8\frac{6}{7} \times 3\frac{5}{8} = 32\frac{3}{28}$$

🕐 규칙을 찾아 계산을 하시오. (6~7)

6
$$1\frac{1}{2} \times 1\frac{1}{3} \times 1\frac{1}{4} \times \cdots \times 1\frac{1}{10}$$

($5\frac{1}{2}$)

7
$$1\frac{2}{7} \times 1\frac{2}{9} \times 1\frac{2}{11} \times \cdots \times 1\frac{2}{21}$$

($3\frac{2}{7}$)

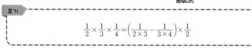

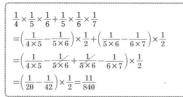

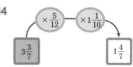

확인 평가

걸린 시간	1~12분	12~18분	18~24분
맞은 개수	36~40개	28~35개	1~27개
평가	참 잘했어요.	잘했어요.	좀더 노력해요.

⏰ □ 안에 알맞은 수를 써넣으시오. (1~4)

1 $\frac{4}{5} \times 10 = \boxed{8}$

2 $\frac{\boxed{4}}{8} \times \frac{5}{6} = \frac{\boxed{20}}{\boxed{3}} = 6\frac{2}{3}$

3 $1\frac{2}{9} \times 6 = \frac{\boxed{11}}{9} \times \overset{\boxed{2}}{6} = \frac{\boxed{22}}{3} = 7\frac{1}{3}$

4 $4 \times 1\frac{1}{6} = 4 \times \frac{\boxed{7}}{6} = \frac{\boxed{14}}{3} = 4\frac{2}{3}$

⏰ 계산을 하시오. (5~14)

5 $\frac{7}{8} \times 2 = 1\frac{3}{4}$

6 $4 \times \frac{7}{10} = 2\frac{4}{5}$

7 $\frac{9}{10} \times 3 = 2\frac{7}{10}$

8 $12 \times \frac{3}{8} = 4\frac{1}{2}$

9 $1\frac{2}{3} \times 2 = 3\frac{1}{3}$

10 $3 \times 2\frac{1}{2} = 7\frac{1}{2}$

11 $2\frac{4}{5} \times 10 = 28$

12 $7 \times 2\frac{3}{14} = 15\frac{1}{2}$

13 $1\frac{5}{9} \times 12 = 18\frac{2}{3}$

14 $18 \times 1\frac{1}{12} = 19\frac{1}{2}$

⏰ □ 안에 알맞은 수를 써넣으시오. (15~18)

15 $\frac{1}{5} \times \frac{1}{9} = \frac{1}{\boxed{5} \times \boxed{9}} = \frac{1}{\boxed{45}}$

16 $\frac{2}{3} \times \frac{1}{7} = \frac{2}{\boxed{3} \times \boxed{7}} = \frac{2}{\boxed{21}}$

17 $\frac{\boxed{1}}{4} \times \frac{3}{8} = \frac{\boxed{3}}{10}$

18 $\frac{7}{9} \times \frac{\boxed{2}}{11} = \frac{14}{33}$

19 $\frac{1}{8} \times \frac{1}{11} = \frac{1}{88}$

20 $\frac{1}{12} \times \frac{1}{5} = \frac{1}{60}$

21 $\frac{6}{7} \times \frac{1}{7} = \frac{6}{49}$

22 $\frac{1}{8} \times \frac{5}{9} = \frac{5}{72}$

23 $\frac{4}{5} \times \frac{5}{6} = \frac{2}{3}$

24 $\frac{8}{9} \times \frac{7}{10} = \frac{28}{45}$

25 $\frac{7}{12} \times \frac{5}{14} = \frac{5}{24}$

26 $\frac{17}{20} \times \frac{15}{16} = \frac{51}{64}$

27 $\frac{5}{18} \times \frac{14}{15} = \frac{7}{27}$

28 $\frac{9}{28} \times \frac{7}{18} = \frac{1}{8}$

 확인 평가

⏰ □ 안에 알맞은 수를 써넣으시오. (29~30)

29 $1\frac{4}{5} \times 2\frac{1}{3} = \frac{\overset{\boxed{3}}{9}}{5} \times \frac{7}{\underset{\boxed{1}}{3}} = \frac{\boxed{21}}{5} = \boxed{4}\frac{1}{5}$

30 $4\frac{1}{6} \times \frac{3}{7} \times \frac{1}{2} = \left(\frac{\boxed{25}}{\underset{\boxed{2}}{6}} \times \frac{\boxed{1}}{3} \times \frac{3}{7} \right) \times \frac{1}{2} = \frac{25}{14} \times \frac{1}{2} = \boxed{\frac{25}{28}}$

⏰ 계산을 하시오. (31~40)

31 $1\frac{1}{5} \times 2\frac{3}{4} = 3\frac{3}{10}$

32 $5\frac{1}{7} \times 2\frac{5}{6} = 14\frac{4}{7}$

33 $3\frac{7}{10} \times 1\frac{1}{9} = 4\frac{1}{9}$

34 $1\frac{4}{5} \times 3\frac{1}{3} = 6$

35 $5\frac{1}{10} \times 1\frac{2}{3} = 8\frac{1}{2}$

36 $3\frac{7}{9} \times 2\frac{4}{7} = 9\frac{5}{7}$

37 $\frac{4}{9} \times \frac{3}{8} \times \frac{1}{10} = \frac{1}{60}$

38 $\frac{3}{4} \times \frac{6}{7} \times \frac{11}{12} = \frac{33}{56}$

39 $1\frac{1}{7} \times 1\frac{3}{4} \times \frac{2}{5} = \frac{4}{5}$

40 $5\frac{1}{3} \times 7\frac{1}{2} \times \frac{3}{5} = 24$

 👑 **크라운 온라인 평가 응시 방법**

⬇

에듀왕닷컴 접속 www.eduwang.com

⬇

메인 상단 메뉴에서 단원평가 클릭

⬇

단계 및 단원 선택

⬇

온라인 단원평가 실시(30분 동안 평가 실시)

⬇

크라운 확인

🐰 각 단원평가를 통해 100점을 받으시면 크라운 1개를 드리며, 획득하신 크라운으로 에듀왕 닷컴에서 판매하고 있는 교재 및 서비스를 무료로 구매하실 수 있습니다.

(크라운 1개 – 1000원)

1 (1보다 작은 소수)×(자연수)(1)

학습 날짜
월   일

방법 ① 덧셈식으로 고쳐서 계산합니다.
$0.4×3=0.4+0.4+0.4=1.2$
방법 ② 분수의 곱셈으로 고쳐서 계산합니다.
$0.4×3=\frac{4}{10}×3=\frac{12}{10}=1.2$
방법 ③ 자연수의 곱셈과 같이 계산한 후 소수점의 자리를 맞추어 찍습니다.

$$\begin{array}{r} 0.4 \\ \times\ 3 \\ \hline \end{array} \Rightarrow \begin{array}{r} 4 \\ \times\ 3 \\ \hline 1\,2 \end{array} \Rightarrow \begin{array}{r} 0.4 \\ \times\ 3 \\ \hline 1.2 \end{array}$$

⏰ 수직선을 보고 □ 안에 알맞게 써넣으시오. (1~3)

1
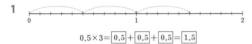

$0.5×3=\boxed{0.5}+\boxed{0.5}+\boxed{0.5}=\boxed{1.5}$

2
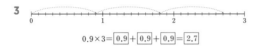

$0.6×4=\boxed{0.6}+\boxed{0.6}+\boxed{0.6}+\boxed{0.6}=\boxed{2.4}$

3

$0.9×3=\boxed{0.9}+\boxed{0.9}+\boxed{0.9}=\boxed{2.7}$

계산은 빠르고 정확하게!

걸린 시간	1~4분	4~6분	6~8분
맞은 개수	9~10개	7~8개	1~6개
평가	참 잘했어요.	잘했어요.	좀더 노력해요.

⏰ □ 안에 알맞은 수를 써넣으시오. (4~10)

4 0.4는 0.1이 $\boxed{4}$ 개이고, 0.4×7은 0.1이 $\boxed{4}$ ×7= $\boxed{28}$ (개)이므로
0.4×7= $\boxed{2.8}$ 입니다.

5 0.6은 0.1이 $\boxed{6}$ 개이고, 0.6×8은 0.1이 $\boxed{6}$ ×8= $\boxed{48}$ (개)이므로
0.6×8= $\boxed{4.8}$ 입니다.

6 0.9는 0.1이 $\boxed{9}$ 개이고, 0.9×12은 0.1이 $\boxed{9}$ ×12= $\boxed{108}$ (개)이므로
0.9×12= $\boxed{10.8}$ 입니다.

7 0.12는 0.01이 $\boxed{12}$ 개이고, 0.12×4는 0.01이 $\boxed{12}$ ×4= $\boxed{48}$ (개)이므로
0.12×4= $\boxed{0.48}$ 입니다.

8 0.37은 0.01이 $\boxed{37}$ 개이고, 0.37×5는 0.01이 $\boxed{37}$ ×5= $\boxed{185}$ (개)이므로
0.37×5= $\boxed{1.85}$ 입니다.

9 0.92는 0.01이 $\boxed{92}$ 개이고, 0.92×8은 0.01이 $\boxed{92}$ ×8= $\boxed{736}$ (개)이므로
0.92×8= $\boxed{7.36}$ 입니다.

10 0.29는 0.01이 $\boxed{29}$ 개이고, 0.29×15은 0.01이 $\boxed{29}$ ×15= $\boxed{435}$ (개)이므로
0.29×15= $\boxed{4.35}$ 입니다.

1 (1보다 작은 소수)×(자연수)(2)

학습 날짜
월   일

⏰ □ 안에 알맞은 수를 써넣으시오. (1~7)

1 $0.3×6=\dfrac{\boxed{3}}{10}×6=\dfrac{\boxed{3}×6}{10}=\dfrac{\boxed{18}}{10}=\boxed{1.8}$

2 $0.7×8=\dfrac{\boxed{7}}{10}×8=\dfrac{\boxed{7}×8}{10}=\dfrac{\boxed{56}}{10}=\boxed{5.6}$

3 $0.9×4=\dfrac{\boxed{9}}{10}×4=\dfrac{\boxed{9}×4}{10}=\dfrac{\boxed{36}}{10}=\boxed{3.6}$

4 $0.8×9=\dfrac{\boxed{8}}{10}×9=\dfrac{\boxed{8}×9}{10}=\dfrac{\boxed{72}}{10}=\boxed{7.2}$

5 $0.14×6=\dfrac{\boxed{14}}{100}×6=\dfrac{\boxed{14}×6}{100}=\dfrac{\boxed{84}}{100}=\boxed{0.84}$

6 $0.25×7=\dfrac{\boxed{25}}{100}×7=\dfrac{\boxed{25}×7}{100}=\dfrac{\boxed{175}}{100}=\boxed{1.75}$

7 $0.56×9=\dfrac{\boxed{56}}{100}×9=\dfrac{\boxed{56}×9}{100}=\dfrac{\boxed{504}}{100}=\boxed{5.04}$

계산은 빠르고 정확하게!

걸린 시간	1~10분	10~15분	15~20분
맞은 개수	23~25개	18~22개	1~17개
평가	참 잘했어요.	잘했어요.	좀더 노력해요.

⏰ 계산을 하시오. (8~25)

8 $0.2×8=1.6$

9 $0.4×7=2.8$

10 $0.6×9=5.4$

11 $0.7×7=4.9$

12 $0.5×13=6.5$

13 $0.3×25=7.5$

14 $0.9×11=9.9$

15 $0.8×32=25.6$

16 $0.26×7=1.82$

17 $0.48×4=1.92$

18 $0.81×9=7.29$

19 $0.73×5=3.65$

20 $0.56×12=6.72$

21 $0.91×13=11.83$

22 $0.48×23=11.04$

23 $0.62×14=8.68$

24 $0.32×18=5.76$

25 $0.73×25=18.25$

1 (1보다 작은 소수)×(자연수)(3)

월 일

계산은 빠르고 정확하게!

걸린 시간	1~8분	8~12분	12~16분
맞은 개수	21~23개	17~20개	1~16개
평가	참 잘했어요.	잘했어요.	좀더 노력해요.

□ 안에 알맞은 수를 써넣으시오. (1~6)

1
$$0.4 \times 6 \Rightarrow 4 \times 6 \Rightarrow 24 \Rightarrow 0.4 \times 6 = 2.4$$

2
$$0.8 \times 7 \Rightarrow 8 \times 7 \Rightarrow 56 \Rightarrow 0.8 \times 7 = 5.6$$

3
$$0.12 \times 6 \Rightarrow 12 \times 6 \Rightarrow 72 \Rightarrow 0.12 \times 6 = 0.72$$

4
$$0.58 \times 7 \Rightarrow 58 \times 7 \Rightarrow 406 \Rightarrow 0.58 \times 7 = 4.06$$

5
$$0.92 \times 17 \Rightarrow 92 \times 17 \Rightarrow 644 / 920 / 1564 \Rightarrow 0.92 \times 17 = 15.64$$

계산을 하시오. (6~23)

6
$$\begin{array}{r} 0.3 \\ \times\ 5 \\ \hline 1.5 \end{array}$$

7
$$\begin{array}{r} 0.8 \\ \times\ 8 \\ \hline 6.4 \end{array}$$

8
$$\begin{array}{r} 0.5 \\ \times\ 9 \\ \hline 4.5 \end{array}$$

9
$$\begin{array}{r} 0.6 \\ \times\ 14 \\ \hline 8.4 \end{array}$$

10
$$\begin{array}{r} 0.4 \\ \times\ 21 \\ \hline 8.4 \end{array}$$

11
$$\begin{array}{r} 0.7 \\ \times\ 32 \\ \hline 22.4 \end{array}$$

12
$$\begin{array}{r} 0.12 \\ \times\ 8 \\ \hline 0.96 \end{array}$$

13
$$\begin{array}{r} 0.46 \\ \times\ 7 \\ \hline 3.22 \end{array}$$

14
$$\begin{array}{r} 0.54 \\ \times\ 6 \\ \hline 3.24 \end{array}$$

15
$$\begin{array}{r} 0.36 \\ \times\ 4 \\ \hline 1.44 \end{array}$$

16
$$\begin{array}{r} 0.88 \\ \times\ 3 \\ \hline 2.64 \end{array}$$

17
$$\begin{array}{r} 0.49 \\ \times\ 8 \\ \hline 3.92 \end{array}$$

18
$$\begin{array}{r} 0.24 \\ \times\ 12 \\ \hline 2.88 \end{array}$$

19
$$\begin{array}{r} 0.13 \\ \times\ 25 \\ \hline 3.25 \end{array}$$

20
$$\begin{array}{r} 0.42 \\ \times\ 36 \\ \hline 15.12 \end{array}$$

21
$$\begin{array}{r} 0.16 \\ \times\ 31 \\ \hline 4.96 \end{array}$$

22
$$\begin{array}{r} 0.27 \\ \times\ 14 \\ \hline 3.78 \end{array}$$

23
$$\begin{array}{r} 0.52 \\ \times\ 15 \\ \hline 7.80 \end{array}$$

---

1 (1보다 작은 소수)×(자연수)(4)

월 일

계산은 빠르고 정확하게!

걸린 시간	1~8분	8~12분	12~16분
맞은 개수	18~20개	14~17개	1~13개
평가	참 잘했어요.	잘했어요.	좀더 노력해요.

빈 곳에 알맞은 수를 써넣으시오. (1~12)

1 $0.2 \xrightarrow{\times 9} 1.8$ 2 $0.8 \xrightarrow{\times 7} 5.6$

3 $0.9 \xrightarrow{\times 15} 13.5$ 4 $0.7 \xrightarrow{\times 18} 12.6$

5 $0.25 \xrightarrow{\times 5} 1.25$ 6 $0.18 \xrightarrow{\times 7} 1.26$

7 $0.32 \xrightarrow{\times 9} 2.88$ 8 $0.58 \xrightarrow{\times 4} 2.32$

9 $0.62 \xrightarrow{\times 13} 8.06$ 10 $0.49 \xrightarrow{\times 15} 7.35$

11 $0.25 \xrightarrow{\times 11} 2.75$ 12 $0.72 \xrightarrow{\times 14} 10.08$

□ 안에 알맞은 수를 써넣으시오. (13~20)

13 $0.6 \xrightarrow{\times 6} 3.6$

14 $0.8 \xrightarrow{\times 3} 2.4$

15 $0.7 \xrightarrow{\times 16} 11.2$

16 $0.9 \xrightarrow{\times 17} 15.3$

17 $0.26 \xrightarrow{\times 8} 2.08$

18 $0.42 \xrightarrow{\times 7} 2.94$

19 $0.21 \xrightarrow{\times 15} 3.15$

20 $0.67 \xrightarrow{\times 18} 12.06$

2 (1보다 큰 소수)×(자연수)(1)

월 일

방법 ① 덧셈식으로 고쳐서 계산합니다.
$1.2×3=1.2+1.2+1.2=3.6$

방법 ② 분수의 곱셈으로 고쳐서 계산합니다.
$1.2×3=\dfrac{12}{10}×3=\dfrac{36}{10}=3.6$

방법 ③ 자연수의 곱셈과 같이 계산한 후 소수점의 자리를 맞추어 찍습니다.

$$\begin{array}{r} 1.2 \\ \times\ 3 \end{array} \Rightarrow \begin{array}{r} 12 \\ \times\ 3 \\ \hline 36 \end{array} \Rightarrow \begin{array}{r} 1.2 \\ \times\ 3 \\ \hline 3.6 \end{array}$$

⏰ 수직선을 보고 □ 안에 알맞은 수를 써넣으시오. (1~3)

1
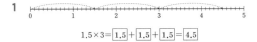
$1.5×3=\boxed{1.5}+\boxed{1.5}+\boxed{1.5}=4.5$

2
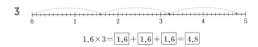
$1.1×4=\boxed{1.1}+\boxed{1.1}+\boxed{1.1}+\boxed{1.1}=4.4$

3
$1.6×3=\boxed{1.6}+\boxed{1.6}+\boxed{1.6}=4.8$

계산은 빠르고 정확하게!

걸린 시간	1~4분	4~6분	6~8분
맞은 개수	9~10개	7~8개	1~6개
평가	참 잘했어요.	잘했어요.	좀더 노력해요.

⏰ □ 안에 알맞은 수를 써넣으시오. (4~10)

4 1.3은 0.1이 $\boxed{13}$ 개이고, 1.3×4는 0.1이 $\boxed{13}$×4=$\boxed{52}$ (개)이므로
$1.3×4=\boxed{5.2}$입니다.

5 1.5는 0.1이 $\boxed{15}$ 개이고, 1.5×5는 0.1이 $\boxed{15}$×5=$\boxed{75}$ (개)이므로
$1.5×5=\boxed{7.5}$입니다.

6 1.8은 0.1이 $\boxed{18}$ 개이고, 1.8×3은 0.1이 $\boxed{18}$×3=$\boxed{54}$ (개)이므로
$1.8×3=\boxed{5.4}$입니다.

7 1.7은 0.1이 $\boxed{17}$ 개이고, 1.7×6은 0.1이 $\boxed{17}$×6=$\boxed{102}$ (개)이므로
$1.7×6=\boxed{10.2}$입니다.

8 1.25는 0.01이 $\boxed{125}$ 개이고, 1.25×3은 0.01이 $\boxed{125}$×3=$\boxed{375}$ (개)이므로
$1.25×3=\boxed{3.75}$입니다.

9 1.62는 0.01이 $\boxed{162}$ 개이고, 1.62×6은 0.01이 $\boxed{162}$×6=$\boxed{972}$ (개)이므로
$1.62×6=\boxed{9.72}$입니다.

10 1.87은 0.01이 $\boxed{187}$ 개이고, 1.87×5는 0.01이 $\boxed{187}$×5=$\boxed{935}$ (개)이므로
$1.87×5=\boxed{9.35}$입니다.

---

2 (1보다 큰 소수)×(자연수)(2)

월 일

⏰ □ 안에 알맞은 수를 써넣으시오. (1~7)

1 $1.6×4=\dfrac{\boxed{16}}{10}×4=\dfrac{\boxed{16}×4}{10}=\dfrac{\boxed{64}}{10}=\boxed{6.4}$

2 $5.7×3=\dfrac{\boxed{57}}{10}×3=\dfrac{\boxed{57}×3}{10}=\dfrac{\boxed{171}}{10}=\boxed{17.1}$

3 $6.2×2=\dfrac{\boxed{62}}{10}×2=\dfrac{\boxed{62}×2}{10}=\dfrac{\boxed{124}}{10}=\boxed{12.4}$

4 $2.7×8=\dfrac{\boxed{27}}{10}×8=\dfrac{\boxed{27}×8}{10}=\dfrac{\boxed{216}}{10}=\boxed{21.6}$

5 $1.23×5=\dfrac{\boxed{123}}{100}×5=\dfrac{\boxed{123}×5}{100}=\dfrac{\boxed{615}}{100}=\boxed{6.15}$

6 $1.76×4=\dfrac{\boxed{176}}{100}×4=\dfrac{\boxed{176}×4}{100}=\dfrac{\boxed{704}}{100}=\boxed{7.04}$

7 $2.65×3=\dfrac{\boxed{265}}{100}×3=\dfrac{\boxed{265}×3}{100}=\dfrac{\boxed{795}}{100}=\boxed{7.95}$

계산은 빠르고 정확하게!

걸린 시간	1~8분	8~12분	12~16분
맞은 개수	23~25개	18~22개	1~17개
평가	참 잘했어요.	잘했어요.	좀더 노력해요.

⏰ 계산을 하시오. (8~25)

8 $1.7×5=8.5$

9 $2.4×6=14.4$

10 $3.2×4=12.8$

11 $6.8×4=27.2$

12 $5.8×12=69.6$

13 $4.6×14=64.4$

14 $3.8×21=79.8$

15 $6.6×23=151.8$

16 $1.48×3=4.44$

17 $1.56×5=7.80$

18 $2.47×8=19.76$

19 $3.65×3=10.95$

20 $3.07×9=27.63$

21 $7.24×8=57.92$

22 $2.75×13=35.75$

23 $3.62×18=65.16$

24 $2.08×11=22.88$

25 $1.14×25=28.50$

2 (1보다 큰 소수)×(자연수)(3)

 월 일

계산은 빠르고 정확하게!

걸린 시간	1~8분	8~12분	12~16분
맞은 개수	21~23개	17~20개	1~16개
평가	참 잘했어요.	잘했어요.	좀더 노력해요.

⏰ □ 안에 알맞은 수를 써넣으시오. (1~5)

1

```
  2 . 4              2 4              2 . 4
×     3    →    ×       3    →    ×       3
                     7 2              7 . 2
```

2

```
  1 . 8              1 8              1 . 8
×     7    →    ×       7    →    ×       7
                   1 2 6            1 2 . 6
```

3

```
  3 . 4              3 4              3 . 4
×     8    →    ×       8    →    ×       8
                   2 7 2            2 7 . 2
```

4

```
  3 . 6 7            3 6 7            3 . 6 7
×       2    →    ×       2    →    ×         2
                     7 3 4            7 . 3 4
```

5

```
  4 . 0 8            4 0 8            4 . 0 8
×     1 2    →    ×     1 2    →    ×     1 2
              →      8 1 6            8 1 6
                   4 0 8 0          4 0 8 0
                   4 8 9 6          4 8 . 9 6
```

⏰ 계산을 하시오. (6~23)

6
```
  1 . 8
×     3
  5 . 4
```

7
```
  2 . 4
×     4
  9 . 6
```

8
```
  3 . 5
×     5
1 7 . 5
```

9
```
  4 . 2
×     7
2 9 . 4
```

10
```
  5 . 6
×     3
1 6 . 8
```

11
```
  4 . 2
×   1 2
5 0 . 4
```

12
```
  2 . 8
×   1 4
3 9 . 2
```

13
```
  4 . 6
×   2 3
1 0 5 . 8
```

14
```
  7 . 6
×   1 3
9 8 . 8
```

15
```
  1 . 0 8
×       7
  7 . 5 6
```

16
```
  6 . 2 4
×       4
2 4 . 9 6
```

17
```
  5 . 8 7
×       3
1 7 . 6 1
```

18
```
  2 . 6 1
×     1 5
3 9 . 1 5
```

19
```
  1 . 7 4
×     3 1
5 3 . 9 4
```

20
```
  4 . 2 6
×     2 4
1 0 2 . 2 4
```

21
```
  1 . 2 3
×     2 4
2 9 . 5 2
```

22
```
  2 . 3 7
×     2 2
5 2 . 1 4
```

23
```
  3 . 1 5
×     1 2
3 7 . 8 0
```

2 (1보다 큰 소수)×(자연수)(4)

월 일

계산은 빠르고 정확하게!

걸린 시간	1~6분	6~9분	9~12분
맞은 개수	18~20개	14~17개	1~13개
평가	참 잘했어요.	잘했어요.	좀더 노력해요.

⏰ 빈 곳에 알맞은 수를 써넣으시오. (1~12)

1 1.4 → ×3 → 4.2

2 1.7 → ×8 → 13.6

3 3.2 → ×6 → 19.2

4 2.9 → ×6 → 17.4

5 2.6 → ×12 → 31.2

6 3.8 → ×14 → 53.2

7 1.08 → ×4 → 4.32

8 2.14 → ×6 → 12.84

9 2.72 → ×7 → 19.04

10 3.61 → ×5 → 18.05

11 4.82 → ×11 → 53.02

12 1.23 → ×14 → 17.22

⏰ □ 안에 알맞은 수를 써넣으시오. (13~20)

13
2.8 → ×3 → 8.4

14
3.1 → ×6 → 18.6

15
4.7 → ×9 → 42.3

16
5.8 → ×16 → 92.8

17
3.24 → ×4 → 12.96

18
4.16 → ×3 → 12.48

19
5.68 → ×8 → 45.44

20
6.25 → ×17 → 106.25

정답

3 (자연수)×(1보다 작은 소수)(1)

방법 ① 분수의 곱셈으로 고쳐서 계산합니다.

$$3 \times 0.6 = 3 \times \frac{6}{10} = \frac{18}{10} = 1.8$$

방법 ② 자연수의 곱셈과 같이 계산한 후 소수점의 자리를 맞추어 찍습니다.

$$\begin{array}{ccc} 3 & & 3 \\ \times\,0.6 \end{array} \Rightarrow \begin{array}{c} 3 \\ \times\;\;6 \\ \hline 18 \end{array} \Rightarrow \begin{array}{c} 3 \\ \times\,0.6 \\ \hline 1.8 \end{array}$$

□ 안에 알맞은 수를 써넣으시오. (1~4)

1 0.7은 0.1이 7 개이고, 2×0.7은 0.1이 2× 7 = 14 (개)이므로
2×0.7= 1.4 입니다.

2 0.9는 0.1이 9 개이고, 4×0.9는 0.1이 4× 9 = 36 (개)이므로
4×0.9= 3.6 입니다.

3 0.12는 0.01이 12 개이고, 3×0.12는 0.01이 3× 12 = 36 (개)이므로
3×0.12= 0.36 입니다.

4 0.15는 0.01이 15 개이고, 5×0.15는 0.01이 5× 15 = 75 (개)이므로
5×0.15= 0.75 입니다.

계산은 빠르고 정확하게!

걸린 시간	1~4분	4~6분	6~8분
맞은 개수	11~12개	9~10개	1~8개
평가	참 잘했어요.	잘했어요.	좀더 노력해요.

□ 안에 알맞은 수를 써넣으시오. (5~12)

5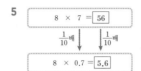

6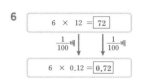

7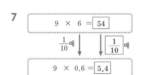

8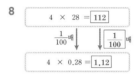

9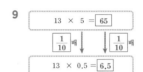

10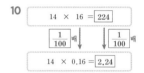

11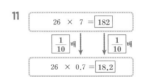

12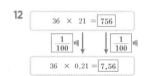

---

3 (자연수)×(1보다 작은 소수)(2)

□ 안에 알맞은 수를 써넣으시오. (1~7)

1 $7 \times 0.9 = 7 \times \dfrac{9}{10} = \dfrac{7 \times 9}{10} = \dfrac{63}{10} = 6.3$

2 $6 \times 0.6 = 6 \times \dfrac{6}{10} = \dfrac{6 \times 6}{10} = \dfrac{36}{10} = 3.6$

3 $12 \times 0.7 = 12 \times \dfrac{7}{10} = \dfrac{12 \times 7}{10} = \dfrac{84}{10} = 8.4$

4 $23 \times 0.4 = 23 \times \dfrac{4}{10} = \dfrac{23 \times 4}{10} = \dfrac{92}{10} = 9.2$

5 $9 \times 0.15 = 9 \times \dfrac{15}{100} = \dfrac{9 \times 15}{100} = \dfrac{135}{100} = 1.35$

6 $8 \times 0.62 = 8 \times \dfrac{62}{100} = \dfrac{8 \times 62}{100} = \dfrac{496}{100} = 4.96$

7 $23 \times 0.13 = 23 \times \dfrac{13}{100} = \dfrac{23 \times 13}{100} = \dfrac{299}{100} = 2.99$

계산은 빠르고 정확하게!

걸린 시간	1~8분	8~12분	12~16분
맞은 개수	23~25개	18~22개	1~17개
평가	참 잘했어요.	잘했어요.	좀더 노력해요.

계산을 하시오. (8~25)

8 6×0.7=4.2

9 3×0.9=2.7

10 11×0.4=4.4

11 15×0.3=4.5

12 24×0.6=14.4

13 23×0.5=11.5

14 19×0.8=15.2

15 36×0.2=7.2

16 9×0.14=1.26

17 8×0.86=6.88

18 6×0.94=5.64

19 7×0.85=5.95

20 12×0.46=5.52

21 18×0.62=11.16

22 36×0.49=17.64

23 27×0.39=10.53

24 35×0.23=8.05

25 28×0.37=10.36

3 (자연수)×(1보다 작은 소수)(3)

월 일

계산은 빠르고 정확하게!

걸린 시간	1~8분	8~12분	12~16분
맞은 개수	21~23개	17~20개	1~16개
평가	참 잘했어요.	잘했어요.	좀더 노력해요.

□ 안에 알맞은 수를 써넣으시오. (1~5)

1

```
      5          5              5
×  0 . 7  ➡  ×      7  ➡  ×  0 . 7
                3  5          3 . 5
```

2

```
   1 6         1 6          1 6
× 0 . 8  ➡  ×     8  ➡  ×  0 . 8
             1 2 8          1 2 . 8
```

3

```
   2 7         2 7          2 7
× 0 . 6  ➡  ×     6  ➡  ×  0 . 6
             1 6 2          1 6 . 2
```

4

```
        9            9              9
×  0 . 2 8  ➡  ×     2 8  ➡  ×  0 . 2 8
               2 5 2            2 . 5 2
```

5

```
      7 6          7 6          7 6
×  0 . 5 2  ➡  ×     5 2  ➡  ×  0 . 5 2
             1 5 2          1 5 2
             3 8 0 0        3 8 0 0
             3 9 5 2        3 9 . 5 2
```

계산을 하시오. (6~23)

6
```
      4
×  0 . 7
    2 . 8
```

7
```
      9
×  0 . 9
    8 . 1
```

8
```
      8
×  0 . 4
    3 . 2
```

9
```
   1 6
× 0 . 3
   4 . 8
```

10
```
   2 5
× 0 . 7
 1 7 . 5
```

11
```
   4 2
× 0 . 8
 3 3 . 6
```

12
```
      5
× 0 . 1 3
  0 . 6 5
```

13
```
      4
× 0 . 6 2
  2 . 4 8
```

14
```
      9
× 0 . 4 7
  4 . 2 3
```

15
```
   1 5
× 0 . 7 4
 1 1 . 1 0
```

16
```
   2 2
× 0 . 2 8
  6 . 1 6
```

17
```
   1 8
× 0 . 5 6
 1 0 . 0 8
```

18
```
   3 5
× 0 . 1 7
  5 . 9 5
```

19
```
   6 2
× 0 . 2 8
 1 7 . 3 6
```

20
```
   7 4
× 0 . 1 9
 1 4 . 0 6
```

21
```
   5 7
× 0 . 1 2
  6 . 8 4
```

22
```
   3 1
× 0 . 3 9
 1 2 . 0 9
```

23
```
   2 5
× 0 . 1 4
  3 . 5 0
```

---

3 (자연수)×(1보다 작은 소수)(4)

월 일

계산은 빠르고 정확하게!

걸린 시간	1~6분	6~9분	9~12분
맞은 개수	18~20개	14~17개	1~13개
평가	참 잘했어요.	잘했어요.	좀더 노력해요.

□ 안에 알맞은 수를 써넣으시오. (1~12)

1 2 — ×0.6 — 1.2

2 9 — ×0.8 — 7.2

3 18 — ×0.7 — 12.6

4 24 — ×0.9 — 21.6

5 33 — ×0.4 — 13.2

6 56 — ×0.3 — 16.8

7 7 — ×0.29 — 2.03

8 8 — ×0.43 — 3.44

9 12 — ×0.14 — 1.68

10 26 — ×0.25 — 6.5

11 38 — ×0.72 — 27.36

12 26 — ×0.59 — 15.34

□ 안에 알맞은 수를 써넣으시오. (13~20)

13 12 → ×0.8 → 9.6

14 19 → ×0.7 → 13.3

15 26 → ×0.9 → 23.4

16 37 → ×0.4 → 14.8

17 16 → ×0.21 → 3.36

18 25 → ×0.13 → 3.25

19 62 → ×0.17 → 10.54

20 48 → ×0.26 → 12.48

 4 (자연수)×(1보다 큰 소수)(1) 월 일

방법① 분수의 곱셈으로 고쳐서 계산합니다.

$4 \times 1.2 = 4 \times \dfrac{12}{10} = \dfrac{48}{10} = 4.8$

방법② 자연수의 곱셈과 같이 계산한 후 소수점의 자리를 맞추어 찍습니다.

$$\begin{array}{r} 4 \\ \times 1.2 \end{array} \Rightarrow \begin{array}{r} 4 \\ \times 12 \\ \hline 48 \end{array} \Rightarrow \begin{array}{r} 4 \\ \times 1.2 \\ \hline 4\,|\,8 \end{array}$$

⏰ □ 안에 알맞은 수를 써넣으시오. (1~4)

1 1.5는 0.1이 15 개이고, 3×1.5는 0.1이 3× 15 = 45 (개)이므로
3×1.5= 4.5 입니다.

2 1.2는 0.1이 12 개이고, 6×1.2는 0.1이 6× 12 = 72 (개)이므로
6×1.2= 7.2 입니다.

3 1.07은 0.01이 107 개이고, 4×1.07은 0.01이 4× 107 = 428 (개)이므로
4×1.07= 4.28 입니다.

4 2.19는 0.01이 219 개이고, 5×2.19는 0.01이 5× 219 = 1095 (개)이므로
5×2.19= 10.95 입니다.

계산은 빠르고 정확하게!

걸린 시간	1~4분	4~6분	6~8분
맞은 개수	11~12개	9~10개	1~8개
평가	참 잘했어요.	잘했어요.	좀더 노력해요.

⏰ □ 안에 알맞은 수를 써넣으시오. (5~12)

5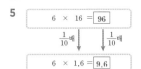
6 × 16 = 96
↓ $\frac{1}{10}$배   ↓ $\frac{1}{10}$배
6 × 1.6 = 9.6

6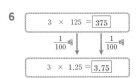
3 × 125 = 375
↓ $\frac{1}{100}$배   ↓ $\frac{1}{100}$배
3 × 1.25 = 3.75

7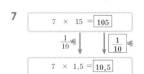
7 × 15 = 105
↓ $\frac{1}{10}$배   ↓ $\frac{1}{10}$배
7 × 1.5 = 10.5

8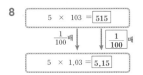
5 × 103 = 515
↓ $\frac{1}{100}$배   ↓ $\frac{1}{100}$배
5 × 1.03 = 5.15

9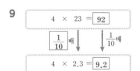
4 × 23 = 92
↓ $\frac{1}{10}$배   ↓ $\frac{1}{10}$배
4 × 2.3 = 9.2

10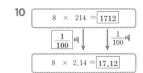
8 × 214 = 1712
↓ $\frac{1}{100}$배   ↓ $\frac{1}{100}$배
8 × 2.14 = 17.12

11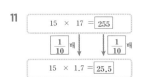
15 × 17 = 255
↓ $\frac{1}{10}$배   ↓ $\frac{1}{10}$배
15 × 1.7 = 25.5

12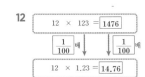
12 × 123 = 1476
↓ $\frac{1}{100}$배   ↓ $\frac{1}{100}$배
12 × 1.23 = 14.76

---

4 (자연수)×(1보다 큰 소수)(2) 월 일

⏰ □ 안에 알맞은 수를 써넣으시오. (1~7)

1 $7 \times 1.4 = 7 \times \dfrac{14}{10} = \dfrac{7 \times 14}{10} = \dfrac{98}{10} = 9.8$

2 $6 \times 2.3 = 6 \times \dfrac{23}{10} = \dfrac{6 \times 23}{10} = \dfrac{138}{10} = 13.8$

3 $8 \times 1.9 = 8 \times \dfrac{19}{10} = \dfrac{8 \times 19}{10} = \dfrac{152}{10} = 15.2$

4 $5 \times 2.7 = 5 \times \dfrac{27}{10} = \dfrac{5 \times 27}{10} = \dfrac{135}{10} = 13.5$

5 $9 \times 1.25 = 9 \times \dfrac{125}{100} = \dfrac{9 \times 125}{100} = \dfrac{1125}{100} = 11.25$

6 $6 \times 2.51 = 6 \times \dfrac{251}{100} = \dfrac{6 \times 251}{100} = \dfrac{1506}{100} = 15.06$

7 $14 \times 1.28 = 14 \times \dfrac{128}{100} = \dfrac{14 \times 128}{100} = \dfrac{1792}{100} = 17.92$

계산은 빠르고 정확하게!

걸린 시간	1~10분	10~15분	15~20분
맞은 개수	23~25개	18~22개	1~17개
평가	참 잘했어요.	잘했어요.	좀더 노력해요.

⏰ 계산을 하시오. (8~25)

8 3×3.4=10.2

9 5×1.9=9.5

10 6×4.2=25.2

11 7×5.8=40.6

12 16×2.7=43.2

13 24×3.6=86.4

14 32×5.6=179.2

15 47×1.7=79.9

16 9×2.15=19.35

17 8×3.64=29.12

18 7×4.72=33.04

19 6×5.14=30.84

20 12×1.76=21.12

21 26×2.51=65.26

22 25×3.14=78.50

23 36×1.13=40.68

24 46×3.02=138.92

25 37×4.13=152.81

4 (자연수)×(1보다 큰 소수)(3)

월   일

□ 안에 알맞은 수를 써넣으시오. (1~5)

계산을 하시오. (6~23)

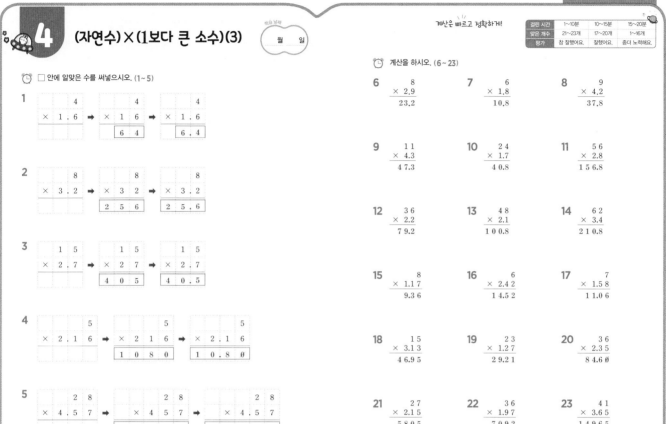

4 (자연수)×(1보다 큰 소수)(4)

월   일

빈 곳에 알맞은 수를 써넣으시오. (1~12)

□ 안에 알맞은 수를 써넣으시오. (13~20)

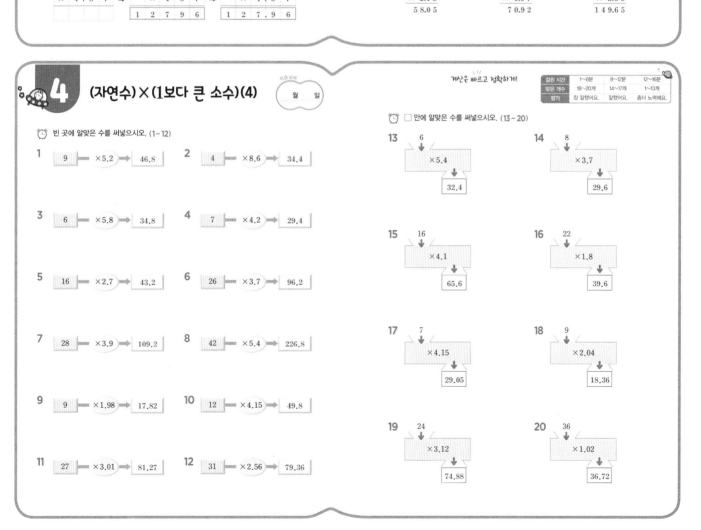

5 1보다 작은 소수끼리의 곱셈(1)

월 일

방법① 분수의 곱셈으로 고쳐서 계산합니다.

$0.3 \times 0.5 = \dfrac{3}{10} \times \dfrac{5}{10} = \dfrac{15}{100} = 0.15$

방법② 자연수의 곱셈과 같이 계산한 후 두 소수의 소수점 아래 자리 수의 합과 같도록 소수점을 찍습니다.

$$\begin{array}{r} 0.3 \\ \times\ 0.5 \end{array} \Rightarrow \begin{array}{r} 3 \\ \times\ 5 \\ \hline 15 \end{array} \Rightarrow \begin{array}{r} 0.3 \\ \times\ 0.5 \\ \hline 0.1\,5 \end{array}$$

⏰ 그림을 보고 □ 안에 알맞은 수를 써넣으시오. (1~4)

1
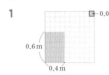
$0.4 \times 0.6 = \boxed{0.24}\,(m^2)$

2

$0.7 \times 0.5 = \boxed{0.35}\,(m^2)$

3
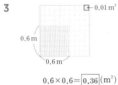
$0.6 \times 0.6 = \boxed{0.36}\,(m^2)$

4
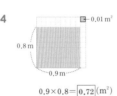
$0.9 \times 0.8 = \boxed{0.72}\,(m^2)$

계산은 빠르고 정확하게!

걸린 시간	1~5분	5~8분	8~10분
맞은 개수	11~12개	9~10개	1~8개
평가	참 잘했어요	잘했어요	좀더 노력해요

⏰ □ 안에 알맞은 수를 써넣으시오. (5~12)

5
$2 \times 6 = \boxed{12}$
$\frac{1}{10}$배 ↓ $\frac{1}{10}$배 ↓ ↓ $\frac{1}{100}$배
$0.2 \times 0.6 = \boxed{0.12}$

6
$5 \times 5 = \boxed{25}$
$\frac{1}{10}$배 ↓ $\frac{1}{10}$배 ↓ ↓ $\frac{1}{100}$배
$0.5 \times 0.5 = \boxed{0.25}$

7
$4 \times 8 = \boxed{32}$
$\frac{1}{10}$배 ↓ $\frac{1}{10}$배 ↓ ↓ $\frac{1}{100}$배
$0.4 \times 0.8 = \boxed{0.32}$

8
$7 \times 6 = \boxed{42}$
$\frac{1}{10}$배 ↓ $\frac{1}{10}$배 ↓ ↓ $\frac{1}{100}$배
$0.7 \times 0.6 = \boxed{0.42}$

9
$12 \times 7 = \boxed{84}$
$\frac{1}{100}$배 ↓ $\frac{1}{10}$배 ↓ ↓ $\frac{1}{1000}$배
$0.12 \times 0.7 = \boxed{0.084}$

10
$48 \times 9 = \boxed{432}$
$\frac{1}{100}$배 ↓ $\frac{1}{10}$배 ↓ ↓ $\frac{1}{1000}$배
$0.48 \times 0.9 = \boxed{0.432}$

11
$6 \times 81 = \boxed{486}$
$\frac{1}{10}$배 ↓ $\frac{1}{100}$배 ↓ ↓ $\frac{1}{1000}$배
$0.6 \times 0.81 = \boxed{0.486}$

12
$8 \times 92 = \boxed{736}$
$\frac{1}{10}$배 ↓ $\frac{1}{100}$배 ↓ ↓ $\frac{1}{1000}$배
$0.8 \times 0.92 = \boxed{0.736}$

5 1보다 작은 소수끼리의 곱셈(2)

 월 일

⏰ □ 안에 알맞은 수를 써넣으시오. (1~12)

1 $0.8 \times 0.8 = \dfrac{\boxed{8}}{10} \times \dfrac{\boxed{8}}{10}$
$= \dfrac{\boxed{64}}{100} = \boxed{0.64}$

2 $0.7 \times 0.6 = \dfrac{\boxed{7}}{10} \times \dfrac{\boxed{6}}{10}$
$= \dfrac{\boxed{42}}{100} = \boxed{0.42}$

3 $0.12 \times 0.9 = \dfrac{\boxed{12}}{100} \times \dfrac{\boxed{9}}{10}$
$= \dfrac{\boxed{108}}{1000} = \boxed{0.108}$

4 $0.24 \times 0.3 = \dfrac{\boxed{24}}{100} \times \dfrac{\boxed{3}}{10}$
$= \dfrac{\boxed{72}}{1000} = \boxed{0.072}$

5 $0.64 \times 0.7 = \dfrac{\boxed{64}}{100} \times \dfrac{\boxed{7}}{10}$
$= \dfrac{\boxed{448}}{1000} = \boxed{0.448}$

6 $0.72 \times 0.8 = \dfrac{\boxed{72}}{100} \times \dfrac{\boxed{8}}{10}$
$= \dfrac{\boxed{576}}{1000} = \boxed{0.576}$

7 $0.5 \times 0.43 = \dfrac{\boxed{5}}{10} \times \dfrac{\boxed{43}}{100}$
$= \dfrac{\boxed{215}}{1000} = \boxed{0.215}$

8 $0.6 \times 0.54 = \dfrac{\boxed{6}}{10} \times \dfrac{\boxed{54}}{100}$
$= \dfrac{\boxed{324}}{1000} = \boxed{0.324}$

9 $0.8 \times 0.67 = \dfrac{\boxed{8}}{10} \times \dfrac{\boxed{67}}{100}$
$= \dfrac{\boxed{536}}{1000} = \boxed{0.536}$

10 $0.9 \times 0.67 = \dfrac{\boxed{9}}{10} \times \dfrac{\boxed{67}}{100}$
$= \dfrac{\boxed{603}}{1000} = \boxed{0.603}$

11 $0.24 \times 0.42 = \dfrac{\boxed{24}}{100} \times \dfrac{\boxed{42}}{100}$
$= \dfrac{\boxed{1008}}{10000} = \boxed{0.1008}$

12 $0.67 \times 0.15 = \dfrac{\boxed{67}}{100} \times \dfrac{\boxed{15}}{100}$
$= \dfrac{\boxed{1005}}{10000} = \boxed{0.1005}$

계산은 빠르고 정확하게!

걸린 시간	1~10분	10~15분	15~20분
맞은 개수	27~30개	21~26개	1~20개
평가	참 잘했어요	잘했어요	좀더 노력해요

⏰ 계산을 하시오. (13~30)

13 $0.2 \times 0.4 = 0.08$

14 $0.9 \times 0.4 = 0.36$

15 $0.7 \times 0.8 = 0.56$

16 $0.3 \times 0.7 = 0.21$

17 $0.64 \times 0.2 = 0.128$

18 $0.86 \times 0.5 = 0.43$

19 $0.96 \times 0.7 = 0.672$

20 $0.88 \times 0.3 = 0.264$

21 $0.6 \times 0.61 = 0.366$

22 $0.5 \times 0.29 = 0.145$

23 $0.8 \times 0.62 = 0.496$

24 $0.7 \times 0.58 = 0.406$

25 $0.64 \times 0.15 = 0.096$

26 $0.27 \times 0.54 = 0.1458$

27 $0.29 \times 0.81 = 0.2349$

28 $0.48 \times 0.56 = 0.2688$

29 $0.38 \times 0.32 = 0.1216$

30 $0.91 \times 0.23 = 0.2093$

5 1보다 작은 소수끼리의 곱셈(3) 월 일

계산은 빠르고 정확하게!

걸린 시간	1~8분	8~12분	12~16분
맞은 개수	21~23개	17~20개	1~16개
평가	참 잘했어요.	잘했어요.	좀더 노력해요.

□ 안에 알맞은 수를 써넣으시오. (1~5)

1.
$$\begin{array}{r} 0.9 \\ \times\ 0.2 \end{array} \Rightarrow \begin{array}{r} 9 \\ \times\ 2 \\ \hline 1\,8 \end{array} \Rightarrow \begin{array}{r} 0.9 \\ \times\ 0.2 \\ \hline 0.1\,8 \end{array}$$

2.
$$\begin{array}{r} 0.2\,7 \\ \times\ \ \ 0.5 \end{array} \Rightarrow \begin{array}{r} 2\,7 \\ \times\ \ \ 5 \\ \hline 1\,3\,5 \end{array} \Rightarrow \begin{array}{r} 0.2\,7 \\ \times\ \ \ 0.5 \\ \hline 0.1\,3\,5 \end{array}$$

3.
$$\begin{array}{r} 0.5\,2 \\ \times\ \ \ 0.4 \end{array} \Rightarrow \begin{array}{r} 5\,2 \\ \times\ \ \ 4 \\ \hline 2\,0\,8 \end{array} \Rightarrow \begin{array}{r} 0.5\,2 \\ \times\ \ \ 0.4 \\ \hline 0.2\,0\,8 \end{array}$$

4.
$$\begin{array}{r} 0.7 \\ \times\ 0.5\,1 \end{array} \Rightarrow \begin{array}{r} 7 \\ \times\ 5\,1 \\ \hline 3\,5\,7 \end{array} \Rightarrow \begin{array}{r} 0.7 \\ \times\ 0.5\,1 \\ \hline 0.3\,5\,7 \end{array}$$

5.
$$\begin{array}{r} 0.6\,2 \\ \times\ \ \ 0.4 \end{array} \Rightarrow \begin{array}{r} 6\,2 \\ \times\ \ \ 4 \\ \hline 2\,4\,8 \end{array} \Rightarrow \begin{array}{r} 0.6\,2 \\ \times\ \ \ 0.4 \\ \hline 0.2\,4\,8 \end{array}$$

계산을 하시오. (6~23)

6.
$$\begin{array}{r} 0.2 \\ \times\ 0.8 \\ \hline 0.1\,6 \end{array}$$

7.
$$\begin{array}{r} 0.5 \\ \times\ 0.7 \\ \hline 0.3\,5 \end{array}$$

8.
$$\begin{array}{r} 0.9 \\ \times\ 0.8 \\ \hline 0.7\,2 \end{array}$$

9.
$$\begin{array}{r} 0.6\,5 \\ \times\ \ \ 0.7 \\ \hline 0.4\,5\,5 \end{array}$$

10.
$$\begin{array}{r} 0.2\,4 \\ \times\ \ \ 0.9 \\ \hline 0.2\,1\,6 \end{array}$$

11.
$$\begin{array}{r} 0.4\,8 \\ \times\ \ \ 0.2 \\ \hline 0.0\,9\,6 \end{array}$$

12.
$$\begin{array}{r} 0.1\,7 \\ \times\ \ \ 0.8 \\ \hline 0.1\,3\,6 \end{array}$$

13.
$$\begin{array}{r} 0.3\,2 \\ \times\ \ \ 0.6 \\ \hline 0.1\,9\,2 \end{array}$$

14.
$$\begin{array}{r} 0.7\,2 \\ \times\ \ \ 0.5 \\ \hline 0.3\,6\,0 \end{array}$$

15.
$$\begin{array}{r} 0.6 \\ \times\ 0.1\,8 \\ \hline 0.1\,0\,8 \end{array}$$

16.
$$\begin{array}{r} 0.5 \\ \times\ 0.4\,7 \\ \hline 0.2\,3\,5 \end{array}$$

17.
$$\begin{array}{r} 0.8 \\ \times\ 0.9\,2 \\ \hline 0.7\,3\,6 \end{array}$$

18.
$$\begin{array}{r} 0.5\,6 \\ \times\ \ \ 0.6\,1 \\ \hline 0.3\,4\,1\,6 \end{array}$$

19.
$$\begin{array}{r} 0.8\,8 \\ \times\ \ \ 0.2\,7 \\ \hline 0.2\,3\,7\,6 \end{array}$$

20.
$$\begin{array}{r} 0.6\,7 \\ \times\ \ \ 0.7\,2 \\ \hline 0.4\,8\,2\,4 \end{array}$$

21.
$$\begin{array}{r} 0.3\,6 \\ \times\ \ \ 0.4\,2 \\ \hline 0.1\,5\,1\,2 \end{array}$$

22.
$$\begin{array}{r} 0.5\,4 \\ \times\ \ \ 0.4\,7 \\ \hline 0.2\,5\,3\,8 \end{array}$$

23.
$$\begin{array}{r} 0.7\,5 \\ \times\ \ \ 0.7\,5 \\ \hline 0.5\,6\,2\,5 \end{array}$$

---

5 1보다 작은 소수끼리의 곱셈(4) 월 일

계산은 빠르고 정확하게!

걸린 시간	1~6분	6~9분	9~12분
맞은 개수	18~20개	14~17개	1~13개
평가	참 잘했어요.	잘했어요.	좀더 노력해요.

빈 곳에 알맞은 수를 써넣으시오. (1~12)

1. $0.3 \longmapsto \times 0.9 \longrightarrow 0.27$ **2.** $0.6 \longmapsto \times 0.8 \longrightarrow 0.48$

3. $0.16 \longmapsto \times 0.3 \longrightarrow 0.048$ **4.** $0.27 \longmapsto \times 0.5 \longrightarrow 0.135$

5. $0.39 \longmapsto \times 0.4 \longrightarrow 0.156$ **6.** $0.51 \longmapsto \times 0.6 \longrightarrow 0.306$

7. $0.2 \longmapsto \times 0.91 \longrightarrow 0.182$ **8.** $0.4 \longmapsto \times 0.72 \longrightarrow 0.288$

9. $0.7 \longmapsto \times 0.36 \longrightarrow 0.252$ **10.** $0.8 \longmapsto \times 0.76 \longrightarrow 0.608$

11. $0.25 \longmapsto \times 0.13 \longrightarrow 0.0325$ **12.** $0.92 \longmapsto \times 0.17 \longrightarrow 0.1564$

□ 안에 알맞은 수를 써넣으시오. (13~20)

13. $0.6 \xrightarrow{\times 0.7} 0.42$

14. $0.9 \xrightarrow{\times 0.9} 0.81$

15. $0.25 \xrightarrow{\times 0.3} 0.075$

16. $0.71 \xrightarrow{\times 0.4} 0.284$

17. $0.4 \xrightarrow{\times 0.26} 0.104$

18. $0.8 \xrightarrow{\times 0.19} 0.152$

19. $0.67 \xrightarrow{\times 0.31} 0.2077$

20. $0.49 \xrightarrow{\times 0.52} 0.2548$

6 1보다 큰 소수끼리의 곱셈(1)

방법① 분수의 곱셈으로 고쳐서 계산합니다.

$$1.2 \times 1.4 = \frac{12}{10} \times \frac{14}{10} = \frac{168}{100} = 1.68$$

방법② 자연수의 곱셈과 같이 계산한 후 두 소수의 소수점 아래 자리 수의 합과 같도록 소수점을 찍습니다.

$$\begin{array}{r} 1.2 \\ \times\ 1.4 \end{array} \Rightarrow \begin{array}{r} 12 \\ \times\ 14 \\ \hline 168 \end{array} \Rightarrow \begin{array}{r} 1.2 \\ \times\ 1.4 \\ \hline 1.6\,8 \end{array}$$

🕐 □ 안에 알맞은 수를 써넣으시오. (1~4)

1 14와 18의 곱은 $\boxed{252}$ 입니다. ➡ 1.4는 14의 $\frac{1}{10}$ 배이고, 1.8은 18의 $\boxed{\frac{1}{10}}$ 배이므로 1.4×1.8의 값은 $\boxed{252}$ 의 $\boxed{\frac{1}{100}}$ 배인 $\boxed{2.52}$ 입니다.

2 26과 34의 곱은 $\boxed{884}$ 입니다. ➡ 2.6은 26의 $\frac{1}{10}$ 배이고, 3.4는 34의 $\boxed{\frac{1}{10}}$ 배이므로 2.6×3.4의 값은 $\boxed{884}$ 의 $\boxed{\frac{1}{100}}$ 배인 $\boxed{8.84}$ 입니다.

3 127과 15의 곱은 $\boxed{1905}$ 입니다. ➡ 1.27은 127의 $\frac{1}{100}$ 배이고, 1.5는 15의 $\boxed{\frac{1}{10}}$ 배이므로 1.27×1.5의 값은 $\boxed{1905}$ 의 $\boxed{\frac{1}{1000}}$ 배인 $\boxed{1.905}$ 입니다.

4 28과 102의 곱은 $\boxed{2856}$ 입니다. ➡ 2.8은 28의 $\frac{1}{10}$ 배이고, 1.02는 102의 $\boxed{\frac{1}{100}}$ 배이므로 2.8×1.02의 값은 $\boxed{2856}$ 의 $\boxed{\frac{1}{1000}}$ 배인 $\boxed{2.856}$ 입니다.

계산은 빠르고 정확하게!

걸린 시간	1~6분	6~9분	9~12분
맞은 개수	11~12개	9~10개	1~8개
평가	참 잘했어요	잘했어요	좀더 노력해요

🕐 □ 안에 알맞은 수를 써넣으시오. (5~12)

5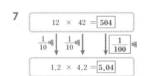

27 × 15 = $\boxed{405}$

$\frac{1}{10}$배 ↓ $\frac{1}{10}$배 ↓ ↓ $\frac{1}{100}$ 배

2.7 × 1.5 = $\boxed{4.05}$

6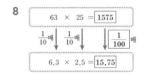

18 × 31 = $\boxed{558}$

$\frac{1}{10}$배 ↓ $\frac{1}{10}$배 ↓ ↓ $\frac{1}{100}$ 배

1.8 × 3.1 = $\boxed{5.58}$

7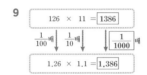

12 × 42 = $\boxed{504}$

$\frac{1}{10}$배 ↓ $\frac{1}{10}$배 ↓ ↓ $\frac{1}{100}$ 배

1.2 × 4.2 = $\boxed{5.04}$

8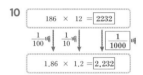

63 × 25 = $\boxed{1575}$

$\frac{1}{10}$배 ↓ $\frac{1}{10}$배 ↓ ↓ $\frac{1}{100}$ 배

6.3 × 2.5 = $\boxed{15.75}$

9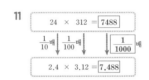

126 × 11 = $\boxed{1386}$

$\frac{1}{100}$배 ↓ $\frac{1}{10}$배 ↓ ↓ $\frac{1}{1000}$ 배

1.26 × 1.1 = $\boxed{1.386}$

10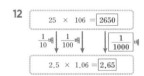

186 × 12 = $\boxed{2232}$

$\frac{1}{100}$배 ↓ $\frac{1}{10}$배 ↓ ↓ $\frac{1}{1000}$ 배

1.86 × 1.2 = $\boxed{2.232}$

11

24 × 312 = $\boxed{7488}$

$\frac{1}{10}$배 ↓ $\frac{1}{100}$배 ↓ ↓ $\frac{1}{1000}$ 배

2.4 × 3.12 = $\boxed{7.488}$

12

25 × 106 = $\boxed{2650}$

$\frac{1}{10}$배 ↓ $\frac{1}{100}$배 ↓ ↓ $\frac{1}{1000}$ 배

2.5 × 1.06 = $\boxed{2.65}$

6 1보다 큰 소수끼리의 곱셈(2)

🕐 □ 안에 알맞은 수를 써넣으시오. (1~12)

1 $2.6 \times 1.7 = \frac{\boxed{26}}{10} \times \frac{\boxed{17}}{10}$
$= \frac{\boxed{442}}{100} = \boxed{4.42}$

2 $3.4 \times 2.6 = \frac{\boxed{34}}{10} \times \frac{\boxed{26}}{10}$
$= \frac{\boxed{884}}{100} = \boxed{8.84}$

3 $4.8 \times 3.6 = \frac{\boxed{48}}{10} \times \frac{\boxed{36}}{10}$
$= \frac{\boxed{1728}}{100} = \boxed{17.28}$

4 $3.7 \times 4.5 = \frac{\boxed{37}}{10} \times \frac{\boxed{45}}{10}$
$= \frac{\boxed{1665}}{100} = \boxed{16.65}$

5 $3.12 \times 2.1 = \frac{\boxed{312}}{100} \times \frac{\boxed{21}}{10}$
$= \frac{\boxed{6552}}{1000} = \boxed{6.552}$

6 $2.02 \times 3.4 = \frac{\boxed{202}}{100} \times \frac{\boxed{34}}{10}$
$= \frac{\boxed{6868}}{1000} = \boxed{6.868}$

7 $4.67 \times 1.5 = \frac{\boxed{467}}{100} \times \frac{\boxed{15}}{10}$
$= \frac{\boxed{7005}}{1000} = \boxed{7.005}$

8 $4.35 \times 2.6 = \frac{\boxed{435}}{100} \times \frac{\boxed{26}}{10}$
$= \frac{\boxed{11310}}{1000} = \boxed{11.31}$

9 $2.8 \times 3.12 = \frac{\boxed{28}}{10} \times \frac{\boxed{312}}{100}$
$= \frac{\boxed{8736}}{1000} = \boxed{8.736}$

10 $3.26 \times 2.5 = \frac{\boxed{326}}{100} \times \frac{\boxed{25}}{10}$
$= \frac{\boxed{8150}}{1000} = \boxed{8.15}$

11 $7.4 \times 2.81 = \frac{\boxed{74}}{10} \times \frac{\boxed{281}}{100}$
$= \frac{\boxed{20794}}{1000} = \boxed{20.794}$

12 $2.97 \times 1.58 = \frac{\boxed{297}}{100} \times \frac{\boxed{158}}{100}$
$= \frac{\boxed{46926}}{10000} = \boxed{4.6926}$

계산은 빠르고 정확하게!

걸린 시간	1~15분	15~20분	20~25분
맞은 개수	27~30개	21~26개	1~20개
평가	참 잘했어요	잘했어요	좀더 노력해요

🕐 계산을 하시오. (13~30)

13 $1.7 \times 2.2 = 3.74$

14 $4.2 \times 1.3 = 5.46$

15 $3.8 \times 5.7 = 21.66$

16 $2.4 \times 3.7 = 8.88$

17 $5.9 \times 1.8 = 10.62$

18 $6.6 \times 3.2 = 21.12$

19 $1.74 \times 3.6 = 6.264$

20 $5.02 \times 2.4 = 12.048$

21 $4.12 \times 3.7 = 15.244$

22 $3.65 \times 3.2 = 11.68$

23 $5.4 \times 1.98 = 10.692$

24 $8.2 \times 2.47 = 20.254$

25 $6.8 \times 5.14 = 34.952$

26 $9.2 \times 3.19 = 29.348$

27 $4.62 \times 1.74 = 8.0388$

28 $2.48 \times 7.56 = 18.7488$

29 $2.34 \times 1.02 = 2.3868$

30 $5.12 \times 1.14 = 5.8368$

6 1보다 큰 소수끼리의 곱셈(3)

월 일

계산은 빠르고 정확하게!

걸린 시간	1~12분	12~18분	18~24분
맞은 개수	18~20개	14~17개	1~13개
평가	참 잘했어요.	잘했어요.	좀더 노력해요.

□ 안에 알맞은 수를 써넣으시오. (1~5)

1

$$\begin{array}{r} 2.6 \\ \times\ 3.2 \\ \hline \end{array} \Rightarrow \begin{array}{r} 2\ 6 \\ \times\ 3\ 2 \\ \hline 8\ 3\ 2 \end{array} \Rightarrow \begin{array}{r} 2.6 \\ \times\ 3.2 \\ \hline 8.3\ 2 \end{array}$$

2

$$\begin{array}{r} 6.2 \\ \times\ 4.7 \\ \hline \end{array} \Rightarrow \begin{array}{r} 6\ 2 \\ \times\ 4\ 7 \\ \hline 2\ 9\ 1\ 4 \end{array} \Rightarrow \begin{array}{r} 6.2 \\ \times\ 4.7 \\ \hline 2\ 9.1\ 4 \end{array}$$

3

$$\begin{array}{r} 1\ 2.7 \\ \times\ 2.1 \\ \hline \end{array} \Rightarrow \begin{array}{r} 1\ 2\ 7 \\ \times\ 2\ 1 \\ \hline 2\ 6\ 6\ 7 \end{array} \Rightarrow \begin{array}{r} 1\ 2.7 \\ \times\ 2.1 \\ \hline 2\ 6.6\ 7 \end{array}$$

4

$$\begin{array}{r} 3.5 \\ \times\ 1.2\ 9 \\ \hline \end{array} \Rightarrow \begin{array}{r} 3\ 5 \\ \times\ 1\ 2\ 9 \\ \hline 4\ 5\ 1\ 5 \end{array} \Rightarrow \begin{array}{r} 3.5 \\ \times\ 1.2\ 9 \\ \hline 4.5\ 1\ 5 \end{array}$$

5

$$\begin{array}{r} 2.1\ 7 \\ \times\ 1.2\ 3 \\ \hline \end{array} \Rightarrow \begin{array}{r} 2\ 1\ 7 \\ \times\ 1\ 2\ 3 \\ \hline 2\ 6\ 6\ 9\ 1 \end{array} \Rightarrow \begin{array}{r} 2.1\ 7 \\ \times\ 1.2\ 3 \\ \hline 2.6\ 6\ 9\ 1 \end{array}$$

⏰ 계산을 하시오. (6~20)

6
$$\begin{array}{r} 2.3 \\ \times\ 3.2 \\ \hline 7.3\ 6 \end{array}$$

7
$$\begin{array}{r} 5.1 \\ \times\ 2.8 \\ \hline 1\ 4.2\ 8 \end{array}$$

8
$$\begin{array}{r} 3.6 \\ \times\ 1.7 \\ \hline 6.1\ 2 \end{array}$$

9
$$\begin{array}{r} 4.4 \\ \times\ 2.6 \\ \hline 1\ 1.4\ 4 \end{array}$$

10
$$\begin{array}{r} 7.1 \\ \times\ 2.5 \\ \hline 1\ 7.7\ 5 \end{array}$$

11
$$\begin{array}{r} 8.9 \\ \times\ 3.3 \\ \hline 2\ 9.3\ 7 \end{array}$$

12
$$\begin{array}{r} 1.4\ 8 \\ \times\ 5.2 \\ \hline 7.6\ 9\ 6 \end{array}$$

13
$$\begin{array}{r} 2.1\ 8 \\ \times\ 4.1 \\ \hline 8.9\ 3\ 8 \end{array}$$

14
$$\begin{array}{r} 3.0\ 8 \\ \times\ 2.2 \\ \hline 6.7\ 7\ 6 \end{array}$$

15
$$\begin{array}{r} 4.5 \\ \times\ 1.2\ 3 \\ \hline 5.5\ 3\ 5 \end{array}$$

16
$$\begin{array}{r} 7.8 \\ \times\ 1.5\ 2 \\ \hline 1.1\ 8\ 5\ 6 \end{array}$$

17
$$\begin{array}{r} 6.4 \\ \times\ 2.5\ 9 \\ \hline 1\ 6.5\ 7\ 6 \end{array}$$

18
$$\begin{array}{r} 1.5\ 2 \\ \times\ 3.5\ 4 \\ \hline 5.3\ 8\ 0\ 8 \end{array}$$

19
$$\begin{array}{r} 2.9\ 4 \\ \times\ 5.4\ 1 \\ \hline 1\ 5.9\ 0\ 5\ 4 \end{array}$$

20
$$\begin{array}{r} 9.8\ 2 \\ \times\ 7.0\ 3 \\ \hline 6\ 9.0\ 3\ 4\ 6 \end{array}$$

---

6 1보다 큰 소수끼리의 곱셈(4)

월 일

계산은 빠르고 정확하게!

걸린 시간	1~12분	12~18분	18~24분
맞은 개수	18~20개	14~17개	1~13개
평가	참 잘했어요.	잘했어요.	좀더 노력해요.

⏰ 빈 곳에 알맞은 수를 써넣으시오. (1~12)

1 $1.2 \rightarrow \times 2.8 \rightarrow 3.36$

2 $3.2 \rightarrow \times 4.1 \rightarrow 13.12$

3 $5.7 \rightarrow \times 2.3 \rightarrow 13.11$

4 $7.1 \rightarrow \times 1.8 \rightarrow 12.78$

5 $2.07 \rightarrow \times 1.5 \rightarrow 3.105$

6 $6.4 \rightarrow \times 2.12 \rightarrow 13.568$

7 $3.15 \rightarrow \times 1.2 \rightarrow 3.78$

8 $1.8 \rightarrow \times 2.04 \rightarrow 3.672$

9 $5.74 \rightarrow \times 1.3 \rightarrow 7.462$

10 $4.9 \rightarrow \times 2.71 \rightarrow 13.279$

11 $3.15 \rightarrow \times 2.27 \rightarrow 7.1505$

12 $3.24 \rightarrow \times 3.57 \rightarrow 11.5668$

□ 안에 알맞은 수를 써넣으시오. (13~20)

13
4.7
$\downarrow$
×1.8
$\downarrow$
8.46

14
5.6
$\downarrow$
×3.2
$\downarrow$
17.92

15
2.04
$\downarrow$
×1.9
$\downarrow$
3.876

16
6.25
$\downarrow$
×3.4
$\downarrow$
21.25

17
4.6
$\downarrow$
×1.08
$\downarrow$
4.968

18
3.8
$\downarrow$
×4.61
$\downarrow$
17.518

19
7.14
$\downarrow$
×3.5
$\downarrow$
24.99

20
5.84
$\downarrow$
×4.12
$\downarrow$
24.0608

7 곱의 소수점의 위치(1)

▶ (소수)×10, 100, 1000 알아보기
곱하는 수의 0의 개수만큼 곱의 소수점이 오른쪽으로 옮겨집니다.
$1.34 \times 10 = 13.4$ $1.34 \times 100 = 134$ $1.34 \times 1000 = 1340$
소수점을 옮길 자리가 없으면 0을 채우면서 옮깁니다.

▶ (자연수)×0.1, 0.01, 0.001 알아보기
곱하는 수의 소수점 아래 자리 수만큼 곱의 소수점이 왼쪽으로 옮겨집니다.
$250 \times 0.1 = 25$ $250 \times 0.01 = 2.5$ $250 \times 0.001 = 0.250$
소수점 아래 끝자리 0은 생략합니다.

▶ 곱의 소수점의 위치 알아보기
곱하는 두 수의 소수점 아래 자리 수를 더한 것과 결과값의 소수점 아래 자리 수가 같습니다.
$7 \times 8 = 56$ ➡ $0.7 \times 0.8 = 0.56$, $0.07 \times 0.8 = 0.056$

⏱ □ 안에 알맞은 수를 써넣으시오. (1~4)

1 $3.57 \times 10 = \dfrac{357}{100} \times 10 = \dfrac{3570}{100} = \boxed{35.7}$

2 $2.98 \times 100 = \dfrac{298}{100} \times 100 = \dfrac{29800}{100} = \boxed{298}$

3 $3.697 \times 100 = \dfrac{3697}{1000} \times 100 = \dfrac{369700}{1000} = \boxed{369.7}$

4 $5.413 \times 1000 = \dfrac{5413}{1000} \times 1000 = \dfrac{5413000}{1000} = \boxed{5413}$

⏱ 계산을 하시오. (5~14)

5 $6.9 \times 10 = 69$
$6.9 \times 100 = 690$
$6.9 \times 1000 = 6900$

6 $10 \times 8.2 = 82$
$100 \times 8.2 = 820$
$1000 \times 8.2 = 8200$

7 $2.48 \times 10 = 24.8$
$2.48 \times 100 = 248$
$2.48 \times 1000 = 2480$

8 $10 \times 5.89 = 58.9$
$100 \times 5.89 = 589$
$1000 \times 5.89 = 5890$

9 $11.48 \times 10 = 114.8$
$11.48 \times 100 = 1148$
$11.48 \times 1000 = 11480$

10 $10 \times 26.08 = 260.8$
$100 \times 26.08 = 2608$
$1000 \times 26.08 = 26080$

11 $2.146 \times 10 = 21.46$
$2.146 \times 100 = 214.6$
$2.146 \times 1000 = 2146$

12 $10 \times 1.023 = 10.23$
$100 \times 1.023 = 102.3$
$1000 \times 1.023 = 1023$

13 $5.986 \times 10 = 59.86$
$5.986 \times 100 = 598.6$
$5.986 \times 1000 = 5986$

14 $10 \times 6.278 = 62.78$
$100 \times 6.278 = 627.8$
$1000 \times 6.278 = 6278$

7 곱의 소수점의 위치(2)

⏱ □ 안에 알맞은 수를 써넣으시오. (1~12)

1 $38 \times 0.1 = 38 \times \dfrac{1}{10}$
$= \dfrac{38}{10} = \boxed{3.8}$

2 $42 \times 0.1 = 42 \times \dfrac{1}{10}$
$= \dfrac{42}{10} = \boxed{4.2}$

3 $159 \times 0.1 = 159 \times \dfrac{1}{10}$
$= \dfrac{159}{10} = \boxed{15.9}$

4 $108 \times 0.1 = 108 \times \dfrac{1}{10}$
$= \dfrac{108}{10} = \boxed{10.8}$

5 $294 \times 0.01 = 294 \times \dfrac{1}{100}$
$= \dfrac{294}{100} = \boxed{2.94}$

6 $326 \times 0.01 = 326 \times \dfrac{1}{100}$
$= \dfrac{326}{100} = \boxed{3.26}$

7 $672 \times 0.01 = 672 \times \dfrac{1}{100}$
$= \dfrac{672}{100} = \boxed{6.72}$

8 $405 \times 0.01 = 405 \times \dfrac{1}{100}$
$= \dfrac{405}{100} = \boxed{4.05}$

9 $1586 \times 0.01 = 1586 \times \dfrac{1}{100}$
$= \dfrac{1586}{100} = \boxed{15.86}$

10 $623 \times 0.001 = 623 \times \dfrac{1}{1000}$
$= \dfrac{623}{1000} = \boxed{0.623}$

11 $2468 \times 0.001 = 2468 \times \dfrac{1}{1000}$
$= \dfrac{2468}{1000} = \boxed{2.468}$

12 $9725 \times 0.001 = 9725 \times \dfrac{1}{1000}$
$= \dfrac{9725}{1000} = \boxed{9.725}$

⏱ 계산을 하시오. (13~22)

13 $15 \times 0.1 = 1.5$
$15 \times 0.01 = 0.15$
$15 \times 0.001 = 0.015$

14 $0.1 \times 46 = 4.6$
$0.01 \times 46 = 0.46$
$0.001 \times 46 = 0.046$

15 $98 \times 0.1 = 9.8$
$98 \times 0.01 = 0.98$
$98 \times 0.001 = 0.098$

16 $0.1 \times 69 = 6.9$
$0.01 \times 69 = 0.69$
$0.001 \times 69 = 0.069$

17 $486 \times 0.1 = 48.6$
$486 \times 0.01 = 4.86$
$486 \times 0.001 = 0.486$

18 $0.1 \times 629 = 62.9$
$0.01 \times 629 = 6.29$
$0.001 \times 629 = 0.629$

19 $815 \times 0.1 = 81.5$
$815 \times 0.01 = 8.15$
$815 \times 0.001 = 0.815$

20 $0.1 \times 918 = 91.8$
$0.01 \times 918 = 9.18$
$0.001 \times 918 = 0.918$

21 $5942 \times 0.1 = 594.2$
$5942 \times 0.01 = 59.42$
$5942 \times 0.001 = 5.942$

22 $0.1 \times 8643 = 864.3$
$0.01 \times 8643 = 86.43$
$0.001 \times 8643 = 8.643$

7 곱의 소수점의 위치(3)

월 일

계산은 빠르고 정확하게!

걸린 시간	1~6분	6~9분	9~12분
맞은 개수	15~16개	12~14개	1~11개
평가	참 잘했어요.	잘했어요.	좀더 노력해요.

⏱ 주어진 식을 보고 □ 안에 알맞은 수를 써넣으시오. (1~8)

1
4×18=72
0.4×1.8=[0.72]
0.4×0.18=[0.072]
0.04×1.8=[0.072]

2
39×6=234
3.9×0.6=[2.34]
0.39×0.6=[0.234]
3.9×0.06=[0.234]

3
9×76=684
0.9×7.6=[6.84]
0.9×0.76=[0.684]
0.09×0.76=[0.0684]

4
86×7=602
8.6×0.7=[6.02]
0.86×0.7=[0.602]
0.86×0.07=[0.0602]

5
26×38=988
2.6×3.8=[9.88]
2.6×0.38=[0.988]
0.26×3.8=[0.988]

6
58×41=2378
5.8×4.1=[23.78]
0.58×4.1=[2.378]
0.58×0.41=[0.2378]

7
62×29=1798
6.2×2.9=[17.98]
6.2×0.29=[1.798]
6.2×0.029=[0.1798]

8
87×63=5481
8.7×6.3=[54.81]
8.7×0.63=[5.481]
0.87×6.3=[5.481]

⏱ 주어진 식을 보고 □ 안에 알맞은 수를 써넣으시오. (9~16)

9
247×15=3705
2.47×1.5=[3.705]
24.7×1.5=[37.05]
2.47×15=[37.05]

10
42×184=7728
4.2×1.84=[7.728]
4.2×18.4=[77.28]
0.42×1.84=[0.7728]

11
226×11=2486
2.26×1.1=[2.486]
22.6×1.1=[24.86]
2.26×0.11=[0.2486]

12
67×215=14405
6.7×215=[1440.5]
6.7×2.15=[14.405]
0.67×2.15=[1.4405]

13
369×47=17343
36.9×4.7=[173.43]
3.69×4.7=[17.343]
3.69×0.47=[1.7343]

14
87×341=29667
87×3.41=[296.67]
8.7×34.1=[296.67]
0.87×3.41=[2.9667]

15
4.12×27=111.24
4.12×2.7=[11.124]
41.2×27=[1112.4]
41.2×2.7=[111.24]

16
649×3.6=2336.4
64.9×3.6=[233.64]
6.49×3.6=[23.364]
6.49×0.36=[2.3364]

---

8 신기한 연산

월 일

계산은 빠르고 정확하게!

걸린 시간	1~10분	10~15분	15~20분
맞은 개수	6개	5개	1~4개
평가	참 잘했어요.	잘했어요.	좀더 노력해요.

1 다음을 보고, 0.3을 24번 곱한 수의 소수점 아래 24번째 자리의 숫자를 구하시오.

0.3=0.3
0.3×0.3=0.09
0.3×0.3×0.3=0.027
0.3×0.3×0.3×0.3=0.0081
0.3×0.3×0.3×0.3×0.3=0.00243
⋮

0.3을 한 번씩 더 곱할 때마다 소수점 아래 마지막 숫자가 3, 9, [7], [1]로 [4]개씩 반복됩니다. 따라서 24÷[4]=[6]이므로 소수점 아래 24번째 자리의 숫자는 [1]입니다.

2 다음을 보고, 0.8을 45번 곱한 수의 소수점 아래 45번째 자리의 숫자를 구하시오.

0.8=0.8
0.8×0.8=0.64
0.8×0.8×0.8=0.512
0.8×0.8×0.8×0.8=0.4096
0.8×0.8×0.8×0.8×0.8=0.32768
⋮

0.8을 한 번씩 더 곱할 때마다 소수점 아래 마지막 숫자가 [8], [4], [2], [6]으로 [4]개씩 반복됩니다. 따라서 45÷[4]=[11]…[1]이므로 소수점 아래 45번째 자리의 숫자는 [8]입니다.

⏱ 화살표가 다음과 같은 규칙을 가지고 있습니다. 규칙에 맞게 빈칸에 알맞은 수를 써넣으시오. (3~6)

보기
→ 10배
← 100배
↓ 1/100 배
↓ 1/10 배

3 6.29 → → 62.9

4 72.5 → 725

5 6250 → 6.25

6 128700 → 12.87

확인 평가

걸린 시간	1~15분	15~20분	20~25분
맞은 개수	36~40개	28~35개	1~27개
평가	참 잘했어요.	잘했어요.	좀더 노력해요.

계산을 하시오. (1~16)

1 $0.7 \times 6 = 4.2$

2 $9 \times 0.2 = 1.8$

3 $0.64 \times 7 = 4.48$

4 $8 \times 0.79 = 6.32$

5 $1.9 \times 5 = 9.5$

6 $4 \times 0.86 = 3.44$

7 $1.47 \times 12 = 17.64$

8 $18 \times 2.08 = 37.44$

9 $5.14 \times 23 = 118.22$

10 $16 \times 3.14 = 50.24$

11
$$\begin{array}{r} 0.9\,6 \\ \times \quad 1\,2 \\ \hline 1\,1.5\,2 \end{array}$$

12
$$\begin{array}{r} 3.5\,4 \\ \times \quad 2\,1 \\ \hline 7\,4.3\,4 \end{array}$$

13
$$\begin{array}{r} 5.1\,2 \\ \times \quad 1\,8 \\ \hline 9\,2.1\,6 \end{array}$$

14
$$\begin{array}{r} 1\,4 \\ \times \ 0.5\,6 \\ \hline 7.8\,4 \end{array}$$

15
$$\begin{array}{r} 3\,2 \\ \times \ 1.0\,8 \\ \hline 3\,4.5\,6 \end{array}$$

16
$$\begin{array}{r} 4\,1 \\ \times \ 2.1\,5 \\ \hline 8\,8.1\,5 \end{array}$$

계산을 하시오. (17~32)

17 $0.6 \times 0.7 = 0.42$

18 $1.2 \times 2.4 = 2.88$

19 $0.9 \times 0.28 = 0.252$

20 $2.8 \times 1.57 = 4.396$

21 $0.31 \times 0.5 = 0.155$

22 $4.12 \times 2.6 = 10.712$

23 $0.67 \times 0.3 = 0.201$

24 $5.04 \times 3.4 = 17.136$

25 $0.74 \times 0.46 = 0.3404$

26 $1.58 \times 4.27 = 6.7466$

27
$$\begin{array}{r} 0.4\,2 \\ \times \ 0.8 \\ \hline 0.3\,3\,6 \end{array}$$

28
$$\begin{array}{r} 0.6\,7 \\ \times \ 0.9 \\ \hline 0.6\,0\,3 \end{array}$$

29
$$\begin{array}{r} 0.9\,2 \\ \times \ 0.1\,6 \\ \hline 0.1\,4\,7\,2 \end{array}$$

30
$$\begin{array}{r} 1.6\,9 \\ \times \ 2.5 \\ \hline 4.2\,2\,5 \end{array}$$

31
$$\begin{array}{r} 4.7\,6 \\ \times \ 3.1 \\ \hline 1\,4.7\,5\,6 \end{array}$$

32
$$\begin{array}{r} 1.5\,6 \\ \times \ 3.2\,4 \\ \hline 5.0\,5\,4\,4 \end{array}$$

확인 평가

계산을 하시오. (33~38)

33
$0.769 \times 10 = 7.69$
$0.769 \times 100 = 76.9$
$0.769 \times 1000 = 769$

34
$245 \times 0.1 = 24.5$
$245 \times 0.01 = 2.45$
$245 \times 0.001 = 0.245$

35
$6.87 \times 10 = 68.7$
$6.87 \times 100 = 687$
$6.87 \times 1000 = 6870$

36
$1079 \times 0.1 = 107.9$
$1079 \times 0.01 = 10.79$
$1079 \times 0.001 = 1.079$

37
$24.98 \times 10 = 249.8$
$24.98 \times 100 = 2498$
$24.98 \times 1000 = 24980$

38
$5679 \times 0.1 = 567.9$
$5679 \times 0.01 = 56.79$
$5679 \times 0.001 = 5.679$

주어진 식을 보고 □ 안에 알맞은 수를 써넣으시오. (39~40)

39

$98 \times 74 = 7252$

$9.8 \times 7.4 = \boxed{72.52}$
$9.8 \times 0.74 = \boxed{7.252}$
$0.98 \times 7.4 = \boxed{7.252}$
$0.98 \times 0.74 = \boxed{0.7252}$

40

$465 \times 29 = 13485$

$46.5 \times 2.9 = \boxed{134.85}$
$4.65 \times 2.9 = \boxed{13.485}$
$46.5 \times 0.29 = \boxed{13.485}$
$4.65 \times 0.29 = \boxed{1.3485}$

크라운 온라인 평가 응시 방법

에듀왕닷컴 접속 www.eduwang.com

⌄⌄

메인 상단 메뉴에서 단원평가 클릭

⌄⌄

단계 및 단원 선택

⌄⌄

온라인 단원평가 실시(30분 동안 평가 실시)

⌄⌄

크라운 확인

각 단원평가를 통해 100점을 받으시면 크라운 1개를 드리며, 획득하신 크라운으로 에듀왕 닷컴에서 판매하고 있는 교재 및 서비스를 무료로 구매하실 수 있습니다.

(크라운 1개 – 1000원)

초등 수학의 기본은 연산력!!

신기한 연산왕

E-2 초5 수준 정답